La Grande unité
de l'univers matière – esprit
revélée par la physique

Du même auteur

Et l'homme ... demain ? Le destin de l'Humanité en question. 2001

De l'homme contingent à l'Homme réalisé.
Le décret ésotérique de la Vie. 2002

La Finalité Universelle ou l'Éveil à la Vie.
Découvertes et propositions scientifiques inédites
menant à une vision holiste de l'Homme. 2001

Cantique sans paroles. 2ième édition. 2005

Journal du temps suspendu, Dialogue avec la Vérité. 2002

Paradigmes et postulats pour une révolution
ou La Prophétie de la Physique 2002

Conscience Visionnaire et Amour. 2002

Amour et Religion 2004

Physique noétique Tome I. L'Ordre implexé de l'Univers Information
d'Ordre désimplexée Déploiement de l'espace–temps 2004

Physique noétique Tome II. Implexité, désimplexité,
déploiements Anthropogenèse Finalité universelle 2004

Physique noétique Tome III
Implexum noétique Anthropocréation noétique et démiurgique 2004

Troisième miracle ou l'Accomplissement de l'humanité 2005

Physique noétique Tome IV La Grande Révolution conceptuelle
de l'Univers L'Homme–Démiurge Créateur du Monde

La BioNoétique ou l'Incarnation du Troisième miracle. 2005

Physique noétique Tome V Théorie du Champ nouménal
Principe holomorphe. Une introduction à la BioNoétique. 2005

Physique noétique Tome VI. La thermodynamique de l'Invisible
De la matière évanescente à la matière BioMacroNoétique… immortelle 2006.

La Révélation de Dieu–en–l'Homme.
La grande Catharsis de l'humanité. 2007.

N'–Théorie. La Fusion de l'Espace–temps

et la Finalité universelle par le Nombre d'Or. 2007.

Refondation de l'humanité ou la Grande extinction de la Vie ? 2008

Johann Soulas

La Grande unité de l'univers matière – esprit revélée par la physique

Publibook

Retrouvez notre catalogue sur le site des Éditions Publibook :

http://www.publibook.com

Éditions Publibook
14, rue des Volontaires
75015 PARIS – France
Tél. : +33 (0)1 53 69 65 55

IDDN.FR.010.0112849.000.R.P.2009.030.40000

Cet ouvrage a fait l'objet d'une première publication aux Éditions Publibook en 2009

Sir Isaac Newton
1642 – 1727

Albert Einstein
1879 – 1955

James Clerk Maxwell
(1831 – 1879)

Max Planck
1858 – 1947

Louis de Broglie
1892 – 1987

Johann Soulas
1934 – ...

« Si une idée n'est pas absurde a priori,
elle est sans espoir »

Albert Einstein

Introduction

L'homme de nos jours, s'il est héritier d'une culture historique patiemment élaborée au cours des siècles, devra rapidement accéder, en grand nombre, à la notoriété pressante que sa vie ne vaut que par l'intelligence qu'il mettra à la COMPRENDRE, à accéder au sens possible de son apparition, et à en accroître l'Information nécessaire s'il ne veut pas disparaître dans les catastrophes qui s'annoncent et que son inconscience a engendrées en quantités bientôt devenues incontrôlables. Il est devenu incontournable ainsi, qu'il accède au fait que seule la rigueur scientifique, devenue une sorte d'étalon cognitif, base de la pensée rationnelle, lui permettra de s'orienter. La physique semble la plus à même de généraliser toute démarche dans ce sens, étant entendu que la composante philosophique ne saurait en être absente. Toute rigueur scientifique est tributaire de son contenu mathématique. Inutile d'espérer pouvoir s'en passer.

Cet ouvrage, comme tous mes précédents, affiche l'inédit (dans les deuxième et troisième parties), ne serait-ce que pas son titre où figure, pour tout esprit « scientifiquement correct », l'irrecevable « union Matière-Esprit ». Il est vrai que la science physique, dès ses débuts (admettons avec Ptolémée), donc il y a longtemps, avait pour vocation incontournable de décrire l'observation de notre environnement physique ce qui commença bien naturellement par la voûte étoilée, donc l'astronomie. Bien des siècles plus tard, avec la percée des mathématiques, les observations physiques se formalisèrent avec René Descartes, Gottfried Leibniz, Isaac Newton, le marquis de Laplace, Galilée, d'Alembert, Hamilton, Maupertuis, etc. jusqu'à l'éclosion de l'électromagnétisme (J.C. Maxwell, A.M. Ampère et bien d'autres) puis la physique contemporaine. La révolution conceptuelle fut énorme car, pour la première fois, la notion formalisée de la rationalité émergea. La source de celle-ci est la mathématique. Si elle est loin de pouvoir

« tout » démontrer, elle a permis d'établir les grandes lois de notre environnement-univers selon nos perceptions physiologiques **dans** l'espace-temps (mécanique, chaleur, thermodynamique, optique, électromagnétisme, gravitation). L'irruption, il y a un siècle, de la mécanique quantique fit, cependant, l'effet d'une douche froide : par l'« arrivée » de l'infiniment petit, la découverte de ce qu'il y a « en-deça » des atomes et molécules, toute la physique fut remise en cause. Entendons-nous bien : remise en cause au sens où la « macro »-physique, ce qui est l'apanage de nos sens physiques, se révéla, non pas fausse, mais incomplète. Depuis plusieurs décennies maintenant, les « bizarreries » de la mécanique de l'infiniment petit ont ouvert les chapitres de la **physique quantique** par laquelle, les spécialistes d'aujourd'hui cherchent (depuis des lustres) un sens à notre univers. D'énormes moyens techniques et financiers sont mis en œuvre (LHC). Nous verrons bien ce qui en « sortira ».

Il y a dix ans, physicien ayant accompli son cursus universitaire classique mais impénitent chercheur dans l'« au-delà » de nos perceptions incarnées, je « créai » la **physique noétique**. Chercheur solitaire, mes découvertes m'enthousiasmèrent car le formalisme (classique) que j'utilisai pour une démarche intrépide et radicalement nouvelle, m'encouragea à persévérer coûte que coûte, malgré des doutes (bien normaux, voire nécessaires), malgré d'inévitables correctifs que je dus introduire a posteriori. Tous mes ouvrages précédents à vocation scientifique ont, ainsi, affiché l'objectif poursuivi : démontrer que l'ESPRIT est lié à la matière et réciproquement. Après une bonne partie de ma vie personnelle (simultanément à mes activités professionnelles) à pénétrer les arcanes du sacré à travers les âges, la philosophie historique et récente jusqu'au début du siècle dernier, les spiritualités du monde, je me doutai que la physique abordée « autrement » devait promettre des avancées affichées remarquables aux éternelles grandes et fondamentales questions dernières, relatives à la Finalité possible de notre Univers, de nos vies, de notre Destin. Les dix dernières années que je viens de traverser m'ont conforté au-delà de toute attente, si tant est que j'en eusse, mais certainement dans la promesse entrevue naguère. Le présent ouvrage voudrait en configurer l'essentiel. Ce livre comporte trois parties. La première consiste à exposer en un raccourci radical, les quatre grandes lois physiques de l'univers à partir d'un a priori que tout scientifique digne de ce nom fait sien : plus l'expression mathématisée d'une loi physique est simple, voire « squelettique » (!) plus la loi associée est importante, voire ontologique. J'ai sélectionné, ainsi, cinq lois classiques en partant de leurs mises au point classiques, sauf deux d'entre elles, la loi de la gravitation d'Isaac Newton et celle de l'électromagnétisme, (J. Clerk Maxwell) universelles toutes deux, établies à partir de la physique noétique. La première partie comporte ainsi les quatre lois :

- d'Albert Einstein relative à l'évaluation comparée masse et quantité de matière, initiatrice à la théorie de la relativité restreinte et à mon propos concernant la matière de l'Univers ;
- de Max planck, créatrice de la mécanique quantique ;
- de Louis de Broglie relative à la mécanique ondulatoire associant rayonnement électromagnétique à tout champ quantifié, unifiant ainsi la mécanique quantique en tant qu'introduction à la physique quantique ;
- d'Erwin Schrödinger, et sa célèbre équation associée, unifiant fonction d'onde à son action fonction du temps à l'énergie quantique.

La deuxième partie est consacrée aux deux lois suivantes : celle de l'électromagnétisme unifiée par James

Clerk Maxwell et celle de la gravitation, loi d'Isaac Newton. Pour les établir, et afin d'introduire la physique noétique, j'ai poursuivie une voie inédite où l'Esprit pourrait (déjà !) se prévaloir de prééminence mais à propos de laquelle je ne me suis attardé, souhaitant parvenir à la formulation classique de ces deux lois. Je sais bien que pour les ésotéristes, spiritualistes de tous bords et les théologiens, je commets, vraisemblablement, un sacrilège. Tant pis. Quant au physicien classique que le matérialisme probabiliste a probablement contaminé, il n'y verra que billevesées. Tant pis encore. Au fait, qui avait donc dit, en son temps, que l'on avait toujours tort d'avoir raison trop tôt ? Et qu'une idée a d'autant plus de chance d'être « espérante » qu'elle paraît invraisemblable a priori ?

Dans la troisième partie, forte de l'introduction « noétique » de l'électromagnétisme et de la gravitation universelle, je parviens à la démonstration conclusive que ces deux lois sont « tributaires » de la gémellarité de la théorie mathématique des nombres concernant une « particularité », simple mais extraordinaire, de ceux qui sont irrationnels et que, comme la gravitation, la théorie en question que j'appelle Cardinalat gémellaire, universelle, Hors Espace←temps, expose ABSOLU-INCRÉÉ-ESPRIT par le PRÉSENT CONTINU.

J'ai dit : trop tôt ? J'expliquerai, à la fin de cet ouvrage, en quoi les années de nos sociétés malmenées étant comptées, je « risque » (!) d'avoir raison. Et, dans ce cas, gageons que je n'aurai pas eu raison « trop tôt ». Dans cette troisième Partie, je condenserai mes travaux de dix ans dans ce qui apparaîtra donc comme l'ossature même de ce que j'appelle « noétique » : le **Cardinalat gémellaire**. Je devrai commencer par réexposer ma théorie-clé, la **Fusion Espace ← temps**. Une première démonstration, formelle, a été établie mathématiquement (voir Lexique II sur mon site(*), voir aussi Lexique I pour les mesures esthésiemétriques). La physique noétique en est née. Je repris ensuite l'électrodynamique quantique selon Einstein, les transformées de Poincaré-Lorentz pour m'apercevoir que le « mur de la lumière », la frontière-céique avait, par suite du dogme einsteinien de la non traversabilité de celle-ci, « souffert » d'une inacceptable irrecevabilité. Mes mesures m'apprirent que des « ondes de phase » pouvaient être transcéiques. C'est pourquoi, mon premier modèle noétique consista à établir l'existence d'une énergie translative de l'électron libre élémentaire au repos. L'énergie moitié de l'énergie élémentaire au repos d'Einstein, validée par la mesure d'une onde associée de longueur double de la longueur d'onde « de Broglie », simultanément vérifiée, donc, par la théorie de la mécanique ondulatoire, me « mit le pied à l'étrier » : la physique noétique était lancée. Or, cette « onde subtile » dûment calculée et vérifiée par esthésiemétrie m'amena à lui déterminer la périodicité : je découvris, émerveillé, qu'elle s'énonça selon le Nombre de la suite principale de Fibonacci (Léonard de Pise, mathématicien italien du treizième siècle). J'exposerai ainsi, comment cette série, dont une théorie élémentaire nous amène au célèbre Nombre d'Or, trouve son éminente présence dans la Nature, depuis les êtres unicellulaires, les végétaux, les crustacés jusqu'à la constitution nanométrique de nos neurones et synapses nerveux, découverte de neurobiologistes américains. Si cette période électronique de son énergie de translation confère à l'électron des propriétés d'importance fondamentale, c'est que la physique noétique n'est pas une élucubration mais une magnifique réalité. Après cette entrée en matière, je sus que je pouvais unifier les travaux de Maxwell en m'attaquant à la Fusion électromagnétique de l'électron « précurseure » de la Fusion Espace ← temps.

(*) http://johann_soulas.publibook.com

L'aboutissement de ce modèle, devenu sans dimension physique, donc exprimé en mathématique pure, très simple, constitue ce que je nomme **Cardinalat gémellaire**.

C'est l'INCRÉÉ, l'ABSOLU. En un mot : ESPRIT.

Ainsi, ESPRIT est « issu » du « royaume quantique » et ce dernier, à l'origine de MATIERE est « issu » de la Noétique, donc de ESPRIT.

Première partie

Les quatre lois ontologiques et universelles de la Matière

Je n'ai nullement l'intention, dans cette Première partie, de développer par le détail ces lois physiques bien connues que l'on trouve illustrées dans les notes de cours universitaires appropriées. J'insisterai, par contre, à propos d'aspects qui méritent d'être connus lorsque la manière de démontrer est aussi importante que l'accès au résultat. Lorsque la physique noétique est « appelée à la rescousse », je serai plus disert bien que je ne développerai pas tous les détails des calculs ayant occupé plusieurs volumes de « physique noétique » et que j'ai enregistré dans les lexiques noétiques disponibles sur mon site **http://johann_soulas.publibook.com** . J'y enverrai tout lecteur désireux de détails d'établissements. Rappelons que ces lois ontologiques se reconnaissent à leur grande simplicité d'écriture.

Loi d'Einstein : masse et quantité de matière ne sont pas identiques

La théorie de la relativité dite restreinte, validée sans cesse par l'expérience, rend énergie et masse relatives. Avant Einstein, il était entendu (I. Newton) que **masse** et **quantité de matière** soient équivalentes. En 1905, la théorie de la relativité restreinte montre qu'il n'en est rien ; tout objet défini par ses paramètres physiques immédiats (dimension, masse en particulier) se redéfinit (par ces paramètres) en fonction de la vitesse qui lui est imprimée par rapport au lieu « cosmo-géographique » où il se trouve (la Terre, la lune, le Soleil, etc.). En effet, par la pondération du coefficient : $\gamma = \frac{1}{\sqrt{1-\beta^2}}$ avec $\beta = v/c_0$, v étant la vitesse imprimée à l'objet et c_0 la constante céique (vitesse de la lumière) égale à 299792458 $m.s^{-1}$ (ou environ 300 000 Km/s), la masse m_0 et l'énergie E_0 correspondant à m_0, varient selon :

$E = \gamma E_0$ et $m = \gamma m_0$.

Pour $\gamma = 1$, $(v = 0)\, E = E_0, m = m_0$ et il y a équivalence quantité de matière et masse. Mais dès que $0 < v < \infty$, $\gamma > 0$, d'où $E > E_0$ et $m > m_0$. Par exemple, supposons que l'objet ait une énergie $E_0 = 10\,\text{joules}\,(J)$ au repos. Faisons successivement :

$v = 90\%$ de c_0 $(0{,}9\ c_0)$; $v = 99\%$ de c_0 $(0{,}99\ c_0)$;

$v = 99{,}9\%$ de c_0 $(0{,}999\ c_0)$; $v = 99{,}99\%$ de c_0 $(0{,}9999$ $c_0)$,

on trouve dans la correspondance énergétique pour $E_0 = 10\,J$:

$E = 22{,}94...J$; $E = 70{,}888...J$;
$E = 223{,}662...J$; $E = 707{,}124...J$, etc.

En appliquant le même raisonnement à une masse m_0 au repos, on obtient successivement pour les mêmes taux de vitesse :

$$m_1 = \frac{22{,}9415}{10} = 2{,}29415...m_0 \ ;$$

$m_2 = 7{,}0888\,m_0$;

$m_3 = 22{,}3662\,m_0$, etc.

Masse et énergie varient ainsi dans le même rapport qui laisse c_0 constant. Au repos, on déduit $(v = 0)$:

$$\frac{E_0}{m_0} = c_0^2 \quad \text{soit} \quad \boxed{E_0 = m_0 c_0^2}$$

C'est l'expression de la loi d'Einstein. Sa signification est fondamentale, son écriture est simple. Appliquée à la mécanique quantique, elle désigne, dans le cas de l'électron, par :

$$E_{q_0} = \mu_e c_0^2,$$

μ_e étant la masse de l'électron au repos $(v = 0)$, la frontière « mur de la lumière » qui sépare le référentiel **phénoménal** (celui de l'espace-temps) du référentiel Fusion Espace←temps que je nomme **symplectique**.

Par le rapport E/m, nous constatons que sa constance par c_0^2 signifie identité entre énergie et masse, celle-ci étant un « condensé » de celle-là. La théorie de la relativité restreinte nous apprend alors que masse et quantité de matière ne sont jamais identiques. Un objet pesant m_0 en absence de vitesse, s'alourdit lorsqu'il se déplace. Aux vitesses terrestres où $v << c_0$, le gain de masse est inappréciable. Ce n'est qu'en physique quantique que la relativité restreinte, vraiment opérationnelle, modifie considérablement les masses quantiques graves.

Loi de Planck : quantification de l'énergie

Dans un plan de coordonnées orthonormé, considérons les transformations de Poincaré-Lorentz bien connues :

$$x = x_0 \; ; \; y = y_0 \; ; \; z_0 = \frac{z - vt}{\sqrt{1 - \beta^2}} \; ; \; t_0 = \frac{1 - \frac{\beta}{c_0} z}{\sqrt{1 - \beta^2}} \qquad (1)$$

Considérons deux observateurs Ob(I) et Ob(II) ; Ob(I) est lié à un référentiel galiléen ; Ob(II) en mouvement, est animé de la vitesse v par rapport à Ob(I). Les coordonnées de Ob(II) sont celles fournies par (1). Pour Ob(II), la vitesse propre (qui est la sienne) est nulle. Ob(II) a alors les valeurs d'énergie et d'impulsion respectives égales à :

$$E = m_0 c_0^2 \text{ et } \overrightarrow{p_0} = 0. \qquad (2)$$

Puisque $\overrightarrow{p_0} = 0$, il est nécessaire de considérer Ob(II) comme un système oscillant engendrant une onde stationnaire que l'on peut écrire :

$$\psi_0 = \mathrm{Ob(I)} e^{j\omega_0 t_0} \qquad (3),$$

$\omega_0 = 2\pi f_0$ étant la pulsation propre de Ob(I) = constante. ψ_0 a ainsi la même valeur en tout point du système propre Ob(II) à l'instant t_0. La répartition des valeurs de ψ_0 dans l'espace des charges où agit Ob(I) est supposée synchronisée de période $T_0 = \frac{1}{f_0}$ avec, conformément à la quantification de l'énergie, l'établissement d'une constante universelle d'action h, dite de Planck par $h = m_0 c_0^2 T_0$. Cherchons maintenant la manifestation de l'élément périodique pour l'observation Ob(I) qui est invariant. Pour cela, substituons l'expression de t_0 de (1) dans (3) : on obtient :

$$\psi(r,t) = \mathrm{Ob(I)} e^{j\omega(t - \frac{z}{v})} \qquad (4),$$

r étant la position localisée de l'onde. En posant :

$$f = \frac{f_0}{\sqrt{1 - \beta^2}} \qquad (5),$$

on « construit » une onde plane monochromatique avec répartition phasique

et sa vitesse de propagation $\frac{c_0^2}{v}$. Comparons alors entre elles, les relations $E = \frac{m_0 c_0^2}{\sqrt{1-\beta^2}}$, $h = m_0 c_0^2 T_0$ (avec $T_0 = \frac{1}{f_0}$) et la relation (5). De l'expression de h, on déduit $f_0 = \frac{m_0 c_0^2}{h}$ ce qui, avec (5) donne : $f = \frac{m_0 c_0^2}{h\sqrt{1-\beta^2}} = \frac{f_0}{\sqrt{1-\beta^2}}$.

On déduit immédiatement la loi de Planck :

$$\boxed{E = hf} \qquad (6)$$

en tout système galiléen. Cette équation, la première qui définit ontologiquement la mécanique quantique constitue la base quantificatrice de l'énergie intra-atomique.

Loi de Broglie : l'onde associée à la matière

Reprenons les relations établies au paragraphe précédent. Toute longueur d'onde peut s'exprimer par le rapport :

$$\lambda = \frac{c_0^2/v}{f}.$$

Or, par (6), $f = \frac{E}{h}$. En remplaçant :

$\lambda = \frac{c_0^2}{v}\frac{h}{E}$ et avec $E = mc_0^2$, il vient :

$$\lambda = \frac{c_0^2}{v}\frac{h}{mc_0^2} = \frac{h}{mv}.$$

Or p (impulsion) = mv. D'où :

$$\lambda_B \vec{p} = h \qquad (7)$$

Lorsque l'onde est associée à l'électron libre, on a :

$$\boxed{\widetilde{\lambda}_B = \frac{h}{\mu_e c_0}} \qquad (8),$$

μ_e étant la masse de l'électron.

λ_B est l'onde de Broglie associée au champ quantique phénoménal relatif à l'impulsion p ainsi qu'associée à l'électron au repos au « mur de la lumière », donc l'onde relative au référentiel « début symplectique ». Sa valeur calculée vaut : $\widetilde{\lambda}_B = 2{,}4263106.10^{-12}$ **m (0,0024263 nm)** et constitue l'étalon de base « séparant » le monde de la Matière (référentiel phénoménal) de celui de l'Esprit (référentiel symplectique), le terme **séparation** devant être compris comme la « porte » de passage d'un référentiel à l'autre.

Si E_q est l'énergie quantique associée à l'impulsion $\vec{p}$, la relation (8) s'écrit :

$$\widetilde{\lambda}_B = \frac{hc_0}{E_q} \qquad (9)$$

Nous voici parvenus à l'« orée » de la physique noétique. Je vais traduire, ici, les deux modèles qui en permettrent l'investigation et l'établissement avant de poursuivre l'« étude législative » de l'Univers.

Du référentiel phénoménal au référentiel symplectique

Translation de l'énergie quantique de l'électron libre

Utilisons le modèle fondamental de la conservation suivant :

$$m_0^2 c_0^2 = \frac{E_0^2}{c_0^2} - p_0^2 \qquad (10)$$

avec $m_0 = m_1 + m_2$ et $p_0 = p_1 + p_2$ lorsqu'une particule quantique se désintègre en deux, chaque résultat de la scission ayant pour masses respectives m_1 et m_2 et pour impulsions respectives correspondantes : p_1 et p_2. (1) s'écrit alors :

$$m_0^2 c_0^2 = \left(\frac{E_1 + E_2}{c_0}\right)^2 - (p_1 + p_2)^2 \qquad (11)$$

On développe :

$$m_0^2 c_0^2 = \frac{E_1^2 + E_2^2 + 2E_1E_2}{c_0^2} - \left(p_1^2 + p_2^2 + 2p_1 p_2\right)$$

soit :

$$m_0^2 c_0^2 = \left(m_1^2 + m_2^2\right)c_0^2 + \frac{2E_1E_2}{c_0^2} - \left(p_1^2 + p_2^2 + 2p_1 p_2\right) \qquad (12),$$

alors $m_0 = |m_1|$ (obs. phén.).

Or, ce qui nous intéresse ici, c'est l'objectif symplectique.

En utilisant l'électrodynamique quantique sans discernement critique, on peut tracer les variations de la fonction relativiste $\gamma = \dfrac{1}{\sqrt{1-\beta^2}}$ selon le graphe ci-dessous.

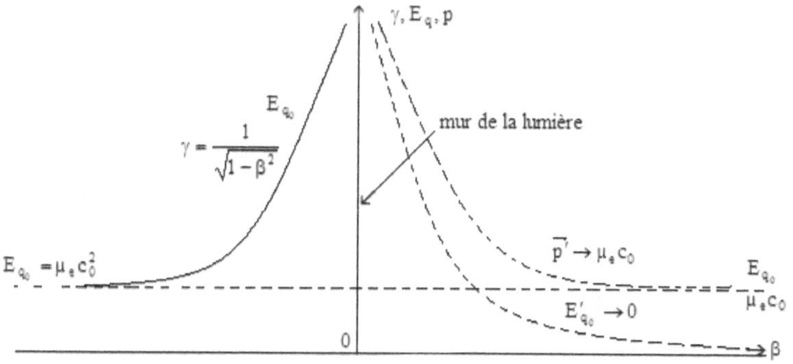

En appliquant les critères de la relativité, les deux courbes E'_{q_0} et $\vec{p'}$ tendent respectivement vers zéro et la limite $\overrightarrow{\mu_e c_0}$.

En effet, l'impulsion de l'électron est gouvernée par le rapport $\dfrac{\mu_e \vec{u}}{\sqrt{1-\beta^2}}$ en genre temps (phénoménal). Si on admet que la relativité restreinte est toujours valide en genre espace, alors le rapport s'écrit : $\dfrac{\mu_e \vec{u}}{\sqrt{\beta^2-1}} = \dfrac{E_{q_0} \vec{u}}{c_0\sqrt{\beta^2-1}}$.

Pour u et $\beta \to \infty$, $p_\infty \to \mu c_0$. Or, la théorie du référentiel symplectique nous apprend qu'il ne faut pas confondre les observateurs phénoménal et symplectique. Ils ne sont pas identiques. En « revisitant » ainsi les transformées de Lorentz-Poincaré, on s'aperçoit que la relativité restreinte einsteinienne ne « fonctionne » pas en symplectique puisque, pour tout $\beta > 1$, $p = 0$. En réalité, le graphe ci-dessus est transformé selon la configuration suivante :

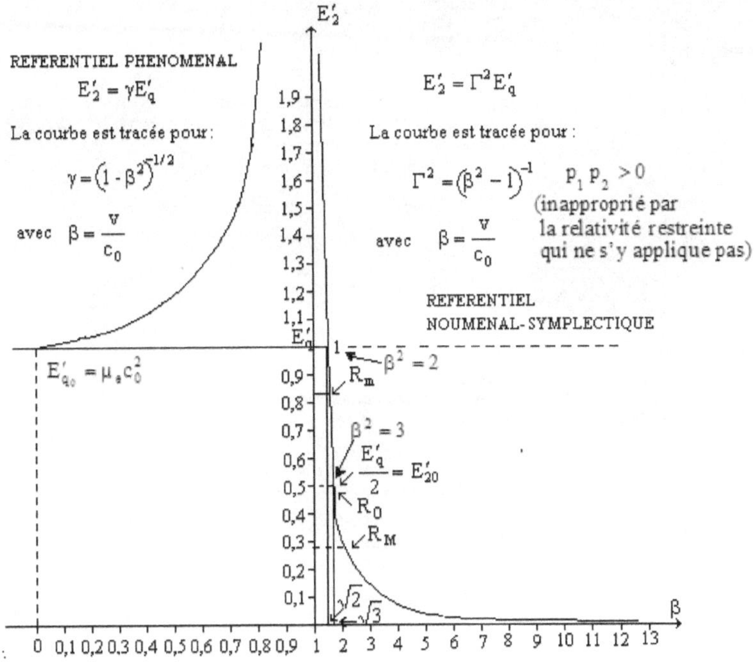

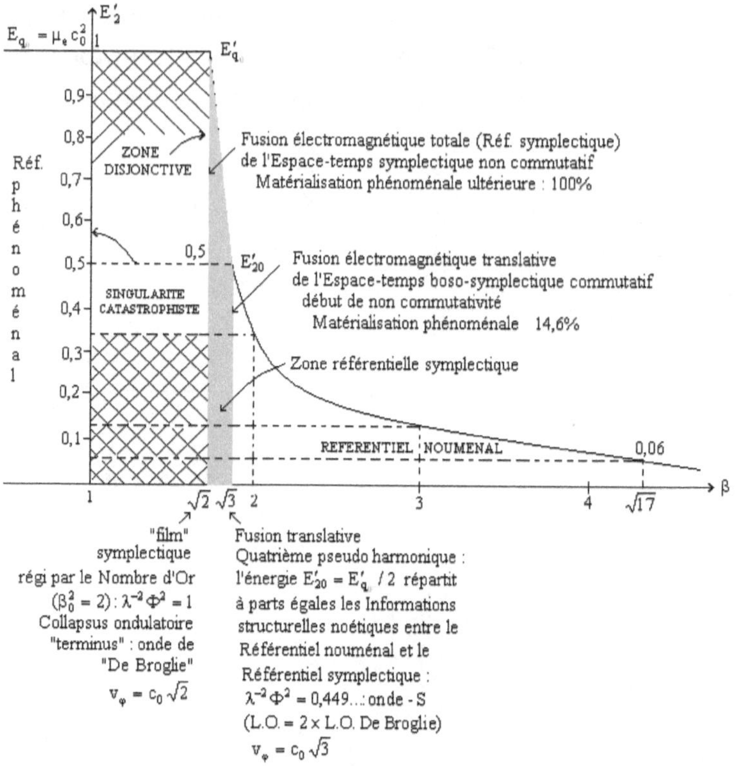

Donc, dans (12) les impulsions s'annulent et $E'_q(\Gamma)$ s'annule pour $\beta \to \infty$ si bien que, avec $m_0 = |m_1|$

$$m_1^2 c_0^2 = m_1^2 c_0^2 + m_2^2 c_0^2 + \frac{2E_1E_2}{c_0^2}$$

d'où :

$$m_2^2 c_0^2 + \frac{2E_1E_2}{c_0^2} = 0 \tag{13}$$

Cette relation admet le résultat simultanée de l'observation phénoménale par $m_0 = |m_1|$ et de l'« observation » symplectique au sens où la combinaison « phénoménal-symplectique » E_1E_2 crée une énergie E'_2 symplectique associée strictement à la masse grave m_1 de ce raisonnement. Dans ces conditions, il convient d'écrire :

$$E'_{20} = f\left(E_1, E_2, m_1, c_0^2\right) \qquad (14)$$

par

$$m_2^2 c_0^2 + 2m_1 E'_{20} = 0$$

d'où :

$$\boxed{E'_{20} = -\frac{m_2^2 c_0^2}{2m_1}} \qquad (15)$$

On constate : $m_1(G) > 0$ (G pour grave)

$m_2^2(NG) < 0$ (NG pour non grave) d'où :

$$E'_{20} < 0 \qquad (16)$$

Physique ondulatoire associée à l'« électron symplectique »

De la loi $\widetilde{\lambda}_B = \dfrac{h}{\mu_e c_0}$ à la frontière phénoménal-symplectique on déduit :

$$\widetilde{\lambda}_S = \frac{h}{\mu_e c_0}\left(\beta^2 - 1\right) \qquad (17)$$

La mesure esthésiemétrique fournit :

$\widetilde{\lambda}_S = 4{,}85$ picomètres.

Avec davantage de précision, on déduit, avec $|m_1| = |m_2|$ par (15)

$$E'_{20} = -\frac{m_2 c_0^2}{2} \qquad (18)$$

ce qui, en posant : $\mu_1 = \mu_e/2$ fournit la masse NG de translation

$$\boldsymbol{\mu_1 = 4{,}55469485.10^{-31}\,\mathrm{kg}\,(\mathrm{NG})}$$

Pour cette valeur,

$$\left|E'_{20}\right| = \frac{\mu_e c_0^2}{2} = \frac{9{,}1093897.10^{-31} \times 8{,}987551787.10^{16}}{2}$$

soit :

$$\left|E'_{20}\right| = 4{,}093555584.10^{-14}\,\mathrm{J} \approx \mathbf{255497{,}5eV}$$

ce qui fournit pour longueur d'onde de l'onde plane symplectique associée :

$$\widetilde{\lambda}_S = 2\widetilde{\lambda}_B = \mathbf{4{,}8526157.10^{-12}\,m}$$

prévue à la précision près par esthésiemétrie. Avec μ_1 déterminé ci-dessus, on déduit :

$$\beta^2 = 3$$

En fait, la masse μ_1 est fictive (nature bosonique). Il est plus réaliste d'attribuer une valeur fixée par la valeur (grave) de l'électron ce que suggère d'ailleurs la mesure (nature fermionique).

La mutation référentielle

Je vais proposer un modèle de la mutation référentielle à partir du « mur de la lumière ».

Exposons d'abord des considérations holistes générales mais simples des grands principes de la stabilité structurelle – instabilité et de l'énergie. On considère, dans son acception la plus vaste et générale, l'univers comme un système dynamique en description qualitative. Pour cela, considérons un ensemble de variables d'état :

$$\mathbf{X} \equiv \{X_k ; k = 1, 2, ..., n\}$$

susceptibles de définir un modèle dynamique simplifié où k = 2, servant aussi, ultérieurement, à utiliser un espace des états appelés **phases**. Nous cherchons un système dynamique simple mais approprié à l'étude qui nous intéresse ici. Ce système sera différentiel où je note :

$$\dot{X} = \frac{dX}{dt} \quad \text{et} \quad \ddot{X} = \frac{d^2X}{dt^2},$$

t étant le temps non discret.

Le système se définit par les deux fonctions X_1 et X_2 tel que :

$$\{\dot{X}_1, \dot{X}_2\} = \{F(X_1, X_2), G(X_1, X_2)\} \tag{19}$$

ou, d'une manière exactement paramétrée :

$$\left.\begin{aligned} \dot{X}_1 &= F(X_1, X_2) \\ \dot{X}_2 &= G(X_1, X_2) \end{aligned}\right\} \tag{20}$$

Toute notion de Mutation référentielle doit être assortie de la **stabilité structurelle**. Ceci explique qu'il est souhaitable de fournir au modèle de la stabilité un paramètre de contrôle, ceci étant conforme à la théorie des catastrophes. X_2 et X_1 doivent être reliés linéairement par :

$$X_2 = \rho X_1 \qquad (21)$$

Écrivons sous sa forme la plus générale, l'énergie symplectique (NG) par :

$$E_S = \frac{1}{2}\left(X_1^2 + X_2^2\right) \qquad (22),$$

et sa dérivée par :

$$\dot{E}_S = \frac{d}{d\alpha}(E_S) = X_1\dot{X}_1 + X_2\dot{X}_2 = H(X_1, \rho, r)$$

où r est le paramètre de contrôle et α (symplectique) est l'équivalent du temps (t) phénoménal.

Le seul cas correspondant au modèle défini (avec ses exigences formulées) s'écrit :

$$\left.\begin{array}{l}\dot{X}_1 = rX_1 + X_2 + X_1X_2 \\ \dot{X}_2 = -\left(X_1^2 + X_2^2\right)\end{array}\right\} \qquad (23),$$

ce qui donne avec (21) :

$$\dot{E}_S = X_1^2\left(r + \rho - \rho^2\right) \qquad (24),$$

où

$$\Delta\left(\dot{E}_S\right) = r + \rho - \rho^2$$

est le discriminant de (24).
Les pôles de celui–ci sont :

$$\left.\begin{aligned} \rho_1 &= \frac{1}{2}\left(1 + \sqrt{1+4r}\right) \\ \rho_2 &= \frac{1}{2}\left(1 - \sqrt{1+4r}\right) \end{aligned}\right\} \qquad (25).$$

Considérons, maintenant, la transformation de Heaviside $\mathcal{H}$ et soit Γ le paramètre représentant la mutation dans le référentiel symplectique d'une fonction holomorphe γ phénoménale. La transformation envisagée permet d'écrire :

$$\mathfrak{C}(\Gamma^2) = \int_0^\infty f(\mathcal{H})e^{-\Gamma^2\mathcal{H}}\,d\mathcal{H} \qquad (26)$$

avec

$$\mathcal{H} = \mathcal{H}(\gamma) = 0 \text{ pour tout } \gamma \leq 0$$

et

$$\mathcal{H} = \mathcal{H}(\gamma) = 1 \text{ pour tout } \gamma > 0$$

La solution s'écrit alors :

$$\boxed{\mathfrak{C}(\Gamma^2) = \Gamma^{-2}} \qquad (27)$$

Les pôles $\{\rho_1 ; \rho_2\}$ (25) doivent paramétrer la dérivée heavisidienne par :

$$\frac{d\mathfrak{C}(\Gamma^2)}{d\mathcal{H}} = 1 * \left(\text{pôles } \Delta\left(\dot{E}_S\right)\right)^{-1}$$

si bien que :

$$\mathfrak{C}(\Gamma^2) = \left[\int_0^{\infty} f(\mathcal{H}) e^{-\Gamma^2 \mathcal{H}} d\mathcal{H} \right] \left(Ap_0 + Bp_0^2\right) = 1 * \quad (28)$$

où $p = \rho$.

L'unité fusionnelle 1* qui apparaît engage à la stabilité structurelle. Cherchons, maintenant, la transformation heavisidienne de p_0 par :

$$g\left(\lambda_0\right) = \int_0^{\infty} e^{-\lambda_0 p} dp .$$

Le résultat quasi–immédiat fournit

$$g\left(\lambda_0\right) = \lambda_0 = p_0^{-1} \quad (29)$$

L'équation (28) s'écrit :

$$\Gamma^{-2}\left(Ap_0 + Bp_0^2\right) = 1 *$$

puis, avec (29) : (30)

$$A\Gamma^{-2}\lambda_0^{-1} + B\Gamma^{-2}\lambda_0^{-2} = 1 *$$

Multiplions tout par λ_0^2, il vient :

$$\boxed{\lambda_0^2 - A\Gamma^{-2}\lambda_0 - B\Gamma^{-2} = 0} \quad (31)$$

dont les pôles sont :

$$\left.\begin{aligned}\lambda_0^{(1)} &= \frac{1}{2}\left(A\Gamma^{-2} + \sqrt{A^2\Gamma^{-4} + 4B\Gamma^{-2}}\right)\\ \lambda_0^{(2)} &= \frac{1}{2}\left(A\Gamma^{-2} - \sqrt{A^2\Gamma^{-4} + 4B\Gamma^{-2}}\right)\end{aligned}\right\} \quad (32)$$

La Mutation du phénoménal en symplectique

Partons des propriétés des groupes abéliens qui sont des ensembles associatifs munis d'une loi de composition interne elle que :

$$x_* y = y_* x = n\,,$$

n étant élément neutre (en général, on utilise le terme e à la place de n). Si $n = 1$, $y = x^{-1}$ (commutatif) et nous avons le « corps » d'utilisation de la transformation envisagée. Écrivons la relation de conservation classique :

$$\frac{E_\varphi^2}{c_0^2} - \sum_{k=1}^{3} p_k^2 = m_0^2 c_0^2 \quad (33)$$

E_φ est une énergie phasique et p_k une impulsion. Le terme Tenseur $T_{\mu\nu}$ (qui va intervenir) correspond intégralement à la signification de (33) car la masse propre quantique N. G. est une quantité **réelle**. Mais, puisque :

$$m_0 = \boldsymbol{\upsilon}_0 \rho\,,$$

(ρ : masse volumique, $\boldsymbol{\upsilon}_0$: volume de référence) (33) a aussi pour 2nd membre :

$$m_0^2 c_0^2 = \boldsymbol{\upsilon}_0^2 \rho^2 c_0^2 = \sum_{\mu=1}^{4} \mathbb{T}_\mu^\mu \hbar^2 \quad (34)$$

dont la dimension est égale à celle de $(\mathcal{R} - 4\mathbb{k})\hbar^2$ (cf. « Physique noétique » Tome I), d'où :

$$\sum_{\mu=1}^{4} \mathbb{T}_{\mu}^{\mu}\hbar^2 = (\mathcal{R} - 4\mathbb{k})\hbar^2 \tag{35}$$

La relation (35) traite la question d'une manière purement géométrique (car la dimension de $\mathbb{T}_{\mu}^{\mu}$ est une courbure spatiale). Les composantes-courbure de $\mathbb{T}_{\mu}^{\mu}$, mises au carré pourraient, par conséquent, être négatives (racines imaginaires : c'est ainsi, d'ailleurs, que j'ai validé (tome I), théoriquement, l'existence d'une énergie de translation $E'_2 = \mu_e c_0^2$ entre l'électron–symplectique–submicro–univers noétique et l'énergie $E'_{20} = E'_2/2$ sans que la validité géométrique soit mise en cause). L'établissement du modèle de la Mutation référentielle RPG ↔ SNG opère donc par le principe de conservation de l'énergie–impulsion géométrisée, donc non grave, soit :

$$\frac{E_{\varphi}^2}{c_0^2} - \sum_{k=1}^{3} p_{\rho k}^2 = \boldsymbol{\upsilon}_0^2 \rho^2 c_0^2 \tag{36}$$

Considérons l'espace des phases et soit le système conservatif de référence dans les trois dimensions d'un hyperespace appartenant à un hypervolume de référence $\boldsymbol{\upsilon}_0$. Par définition, il est nécessaire d'écrire dans les trois directions de $\boldsymbol{\upsilon}_0$:

$$\frac{E_{\varphi}^2}{c_0^2} - 3p_{\varphi}^2 = \boldsymbol{\upsilon}_0^2 c_0^2 d^2 \tag{37}$$

p_φ est une quantité de mouvement qu'il est nécessaire de nommer phasique, E_φ, l'énergie correspondant à p_φ et d la masse volumique. En mettant p_φ en facteur, on obtient :

$$p_\varphi = \frac{\boldsymbol{\upsilon}_0 c_0 d}{\sqrt{3}} \sqrt{\frac{E_\varphi^2}{\boldsymbol{\upsilon}_0^2 c_0^4 d^2} - 1}$$

que l'on peut encore écrire par :

$$\frac{\boldsymbol{\upsilon}_0 c_0 d}{p_\varphi \sqrt{3}} = \frac{1}{\sqrt{\dfrac{E_\varphi^2}{\boldsymbol{\upsilon}_0^2 c_0^4 d^2} - 1}} \tag{38}$$

L'écriture de (38) étant adimensionnelle, posons :

phase quantité de mouvement :

$$\varphi_p = \frac{\boldsymbol{\upsilon}_0 c_0 d}{p_\varphi \sqrt{3}} \tag{39}$$

et

phase énergie : $$\varphi_W = \frac{E_\varphi}{\boldsymbol{\upsilon}_0 c_0^2 d}, \tag{40}$$

L'expression (38) donne alors :

$$\varphi_p = \frac{1}{\sqrt{\varphi_W^2 - 1}} \tag{41}$$

avec $\varphi_W > 1$ car la phase énergie doit donner une valeur φ_p réelle.

Posons maintenant :

$$\varphi_W^2 = \frac{E_\varphi^2}{\boldsymbol{u}_0^2 c_0^4 d^2} = \left(\frac{v_\varphi}{c_0}\right)^2 \qquad (42),$$

v_φ étant, par définition, une **vitesse de phase transcéique**, ce qui ne pose aucun « problème relativiste » selon notre exposé ci–dessus.

Si bien que, en écrivant (41) :

$$\varphi_p = \frac{1}{j\sqrt{1-\varphi_W^2}} = \boxed{\frac{1}{j\sqrt{1-\left(\frac{v_\varphi}{c_0}\right)^2}}} \qquad (43),$$

l'on découvre par :

$$\left(\frac{v_\varphi}{c_0}\right)^2 = \frac{c_0^4}{\widetilde{u}^2}\frac{1}{c_0^2} = \frac{c_0^2}{\widetilde{u}^2}$$

la démonstration ontologique–phasique véritable des « moments– $\widetilde{u}$; – $\widetilde{u}_0$ et – $\widetilde{u}_0^{-2}$ » par :

$$\boxed{v_\varphi \widetilde{u} = c_0^2} \qquad (44),$$

dans le référentiel de l'« univers– $\mathbf{C}$ » ($\mathbf{C}$: nombre adimensionalisé = 8,987551787.10[16] par $\mathbf{C} = c_0^2 \widetilde{u}_0^{-2}$).

La célérité électromagnétique phénoménale est **liée** aux deux vitesses de phases v_φ (transcéique) et $\widetilde{u}$ (subcéique), cette dernière se révélant, par les mesures esthésiemétriques accomplir la fonction

« vitesse–psychique » intrinsèque dans le cerveau humain (l'imagerie cérébrale plus ou moins agitée avec ses pensées et son élocution parlée pouvant représenter symboliquement, l'état de « stress–psychique »).

Puisque, en fait, le référentiel symplectique est l'espace des **vitesses de phase transcéiques**, v_{φ} est alors $> c_0$, $\tilde{u} \leq c_0$ et cette dernière est particulière puisque, bien que subcéique, elle ne peut être associée à une masse au sens pesant du terme.

De ce fait, la Dynamique créatrice c_0^2 (selon mes termes) « partage » deux vitesses de phases noétiques, l'une de nature normalement nouménale (transcéique, v_{φ}), l'autre d'« appartenance » symplectique $\tilde{u}$ (subcéique), la valeur de l'une d'elles étant la **moyenne géométrique** des deux autres. En fait, la vitesse de phase $\tilde{u}$ est apparue expérimentalement (esthésiemétrie) au moment de mes recherches théoriques (1998–99) à propos de la définition de l'« espace–Psyché » (cf. Tome II) : il est apparu que la « vie psychique » se déroule dans le vivant (mammifères et en particulier la créature humaine) par une caractérisation informative complète sous la forme d'ondes électromagnétiques « doubles », les unes transcéiques ($\tilde{v}_{\varphi}$), les autres subcéiques ($\tilde{u}$) (voir Principe de Stabilité). Ces dernières traduisent le caractère intrinsèque de la pensée, mémoire, imagerie… du cerveau, (sous la forme vitesse), les autres ($\tilde{v}_{\varphi}$) sous la forme informativement noétique. La vitesse $\tilde{v}_{\varphi}$ caractérise alors totalement le « milieu–nouménal ».

Il est bien évident que $\tilde{u}$ apparaît alors comme un « milieu noétique » s'immisçant dans le symplectique (puisque $< c_0$) ce qui semble réserver des révélations de la plus haute importance (précisément lorsque $\tilde{u}_{min} = \tilde{u}_0 = 1\,\text{m.s}^{-1}$).

J'ai donc « rencontré » cette vitesse de phase subcéique $\widetilde{u}_0$ à de multiples reprises. C'est une « vieille » connaissance à la jeunesse de plus en plus « avertie ». C'est son « univers–propre–$\widetilde{u}_0^{-2}$ » qui désigne – fusionnellement – (au point que $\widetilde{u}_0^{-2} = 1\,m^{-2}.s^2$ est la valeur « quasi fétiche » d'ordre fusionnel), par :

$$\boxed{\widetilde{u}_0^{-2} = \widetilde{a}_0^{-2} = c_{0N}^{-2}} \qquad (45),$$

(« caractéristique propre » du photon hors ou en Fusion Espace–temps) une structure qui se conserve indéfiniment grâce à la **non commutativité symplectique**.
En posant pour (45) :

$$\frac{v_\varphi}{c_0} = \beta\,,$$

il vient :

$$\gamma = \frac{1}{\sqrt{1-\beta_C^2}} \qquad (46)$$

et, de même, (41) peut s'écrire :

$$\Gamma = \frac{1}{\sqrt{\beta_\varphi^2 - 1}} \qquad (47)$$

où j'admets l'identité $\beta_\varphi \equiv \beta_C$.

La Mutation a lieu à la « confluence » (46)–(47). Profitant de l'associativité commutative que nous prouve $y = x^{-1}$ des groupes abéliens, écrivons :

$$\frac{d\mathfrak{C}(\Gamma)}{d\gamma} = \gamma e^{-\Gamma\gamma} \qquad (48).$$

L'intégrale s'écrit :

$$\mathfrak{C}(\Gamma) = \int \gamma e^{-\Gamma\gamma} d\gamma + K \qquad (49),$$

K étant constante d'intégration. En intégrant par parties, le calcul donne :

$$\boxed{\mathfrak{C}(\Gamma) = -e^{-\Gamma\gamma}\left(\frac{\gamma}{\Gamma} + \frac{1}{\Gamma^2}\right) + K} \qquad (50)$$

La constante d'intégration est résolue par l'insertion du paramètre de contrôle. En détaillant les calculs, on remarque :

$$\frac{\gamma}{\Gamma} = \frac{\frac{1}{\sqrt{1-\beta^2}}}{\frac{1}{\sqrt{\beta^2-1}}} = \sqrt{\frac{\beta^2-1}{1-\beta^2}}$$

et en conservant le caractère réel de ce développement proposé de la Mutation, on écrit :

$$\frac{\frac{1}{\sqrt{1-\beta^2}}}{\frac{j}{j\sqrt{1-\beta^2}}} = 1 \qquad (51)$$

En posant : condition à l'origine : $\beta_0^2 = 2$, on déduit (solution oscillatoire) :

$$\gamma_0 = -j \ ; \ \Gamma_0^2 = 1 \ ; \ \left|-e^{j}\right| = \left|-e^{-\Gamma\gamma}\right| = 1 \qquad (52)$$

et il devient nécessaire d'introduire le paramètre de contrôle λ_0 dans le modèle (50) soit :

$$I = \frac{\gamma}{\Gamma} + \frac{1}{\Gamma^2} \qquad (53),$$

par équivalence avec (30) soit :

$$A\Gamma^{-2}\lambda_0^{-1} + B\Gamma^{-2}\lambda_0^{-2} = 1*$$

où l'on est conduit à l'écriture :

$$\mathfrak{C}_0(\Gamma) = \left|\gamma\Gamma^{-1}\lambda_0^{-1}\right| + \Gamma^{-2}\lambda_0^{-2} = 1 \qquad (54),$$

on déduit :

$$A = \frac{\gamma}{\Gamma} \text{ et } B = 1.$$

La condition à l'origine obtenue par les mesures, stipule :

$$\beta_\varphi^2 = 2$$

pour $E'_q = 1$: translation phénoménal/symplectique de sorte que l'on ait :

$$E'_q = 2E'_{20}.$$

D'où, avec :

$$\frac{\gamma}{\Gamma} = 1$$

et

$$\Gamma^2 = 1,$$

on obtient :

$$\boxed{\frac{1}{\lambda_0} + \frac{1}{\lambda_0^2} = 1} \qquad (55)$$

Avec la condition à l'origine et avec : $e^{-\Gamma_0 \gamma_0} = e^j$, on déduit numériquement à partir de (54) que l'intégrale (50) s'écrit dès lors (à l'approximation des décimales près) :

$$|I_0| = 0{,}618033988... + 0{,}381966011... = 0{,}9999999...,$$

soit :

$$I_0 = 1$$

ce qui définit le Nombre d'Or : $\lambda_{0(1)} = \frac{1}{2}(1 + \sqrt{5})$ pour $\beta_\varphi = \sqrt{2}$ et n infini dans la suite naturelle de Fibonacci.

Il en ressort qu'il existe bien un intervalle de translation symplectique $\{1; \sqrt{2}\}$ (voir les figures ci–dessus).

Pour $\beta^2 = 3$, d'où $k = \beta^2 - 1 = 2$, à partir de (25) et (54), on vérifie :

$$I = \frac{1}{\lambda} + \frac{1}{2\lambda^2}.$$

Les pôles λ sont solutions de $\lambda^2 - 2\lambda = 1$ soit $\lambda_1 = 1 + \sqrt{2} = 2{,}41421...$ et $\lambda_2 = -0{,}41421...$
La solution positive permet de récrire l'équation (55) par :

$$I = \frac{1}{\lambda_1} + \frac{1}{2\lambda_1^2} = 0{,}41421 + 0{,}08578 = 0{,}4999... \text{ soit :}$$

$I = 0{,}5$ pour n infinie dans la suite de Fibonacci.

Pour $\beta^2 = 4$ d'où $k = \beta^2 - 1 = 3$, on trouverait de la même façon :

$$I = \frac{1}{\lambda} + \frac{1}{3\lambda^2} \text{ avec } \lambda = 3{,}605551275... \text{ soit}$$

$I = 0{,}30299...$

La loi générale de l'établissement de la « chaîne noétique » (courbe de droite du « mur de la lumière ») s'exprime donc par :

$$\frac{1}{\lambda} + \frac{1}{k\lambda^2} = \frac{1}{k} \qquad (56)$$

avec $k = \beta^2 - 1$, vérifiant ainsi l'ontologie fondamentalement « gémellaire » de l'univers non manifesté (incrée). Toutes ces considérations sont vérifiables sur les deux figures précédentes.
En agrandissant la partie utile de la figure précédente, la translation symplectique devient visible en particulier sur l'extension de l'abscisse de l'axe β ; la zone disjonctive constitue une singularité catastrophiste pour $1 < \beta^2 < 2$. En fait, la « réponse » de la courbe $E'_2(\beta)$ se limite (figure avec abscisse en extension) à partir de E'_{20} où $\beta = \sqrt{3}$. La

C*–algèbre A montre que la zone $\{1;\sqrt{2};\sqrt{3}\}$ est non commutative en référentiel rigoureusement Fusionnel symplectique. Au–delà de $\beta^2 = 3$, le référentiel est co–Fusionnel nouménal.

Multiplions, maintenant, (55) par λ_0^2 : il vient :

$$\boxed{\lambda_0^2 - \lambda_0 - 1 = 0} \qquad (57)$$

On reconnaît le trinôme doré avec ses pôles :

$$\lambda_0^{(1)} = \frac{1}{2}\left(1+\sqrt{5}\right) \text{ et } \lambda_0^{(2)} = \frac{1}{2}\left(1-\sqrt{5}\right)$$

soit ce que je nomme Cardinalat gémellaire :

$$\boxed{\Phi - \Phi^{-1} = 1*} \qquad (58)$$

La relation (58) est celle de l'INCRÉÉ de l'Univers. Elle exprime la Vision universelle de la Finalité, l'essence même de la physique noétique.

Je ne saurais trop faire remarquer que ce chapitre constitue une introduction décisive à la présentation de théories inédites concernant la Création de l'Univers, une CRÉATION où la seule et « unique Main divine » est celle de l'Homme qui réalise en lui la Noéticanthropie du Troisième miracle, Source de la Surrection de l'Homme du Futur.

Reprenons les quelques propos du thème de la Mutation. Nous voyons, ici, et non sans pertinence, ce qu'est la « passerelle » : c'est l'expression (57) du trinôme doré et (58) du Cardinalat. Or, ces deux expressions traduisent dans le Symbolisme sémiotique ABSOLU, sans le moindre relativisme, l'Essence incréée même de la

FUSION SPATIOTEMPORELLE,

base de la GNOSE ésotérique la plus accomplie, qui vient d'être révélée comme le support de la Noéticanthropie du Futur plus ou moins éloignée. Nous voyons bien ainsi, l'importance extrême de la mathématique du Nombre d'Or :

$$\Phi = \frac{1}{2}\left(1+\sqrt{5}\right)$$

et de sa Section d'Or :

$$-\Phi^{-1} = \frac{1}{2}\left(1-\sqrt{5}\right),$$

formulant, par leur symbiose, le jumelage conjugué des irrationnels Nombre et Section d'Or. A remarquer que le trinôme doré est issu de la C*–algèbre A, support des espaces quantiques et de leur propriété essentielle : l'application injective de la Fusion Espace–temps **symplectique** et de sa **non commutativité**, mais non de la série de Fibonacci. Il est magnifique et fantastique de constater que l'« ésotère » (à son sens unifié de l'ésotérisme) rejoint son ultime « destin » : la **mathématique**.

A remarquer qu'avec (25) et (29), pour $r=1$ (fusion dans le contrôle de stabilité du discriminant E_S), le Cardinalat est déjà présent par : $p_1 + p_2 = 1*$. En passant du Cardinalat (p) à celui de (λ_0) par transformation de Heaviside, on **généralise** l'« influence dorée » à la Mutation symplectique et **nouménale**.

En effet, avec $p_1 = \frac{1}{2}\left(1+\sqrt{5}\right)$ et $p_2 = \frac{1}{2}\left(1-\sqrt{5}\right)$, l'inversion de Heaviside donne :

$$\lambda_1 = p_1^{-1} = p_2 = \frac{1}{2}\left(1-\sqrt{5}\right)$$

et

$$\lambda_2 = p_2^{-1} = -p_1 = -\frac{1}{2}\left(1+\sqrt{5}\right).$$

Le Couple d'Or étant déjà présent dans le système du second ordre $\{X_1 ; X_2\}$ par :

$$p_1 + p_2 = 1*,$$

d'où la généralisation évoquée. En effet prenons successivement les deux cas : $\beta_\varphi^2 = 3$ et $\beta_\varphi^2 = 4$:

$$\boxed{\beta_\varphi^2 = 3}$$

d'où $\Gamma_1^2 = 3 - 1 = 2$ correspondant à $\beta_p = 0{,}866...\ \left(\beta_p^2 = 0{,}75\right)$ afin que $\sqrt{1-\beta_p^2} = 0{,}5$ d'où $\gamma_1 = 1/0{,}5 = 2$, soit $\gamma_1 = \Gamma^2$. On a alors :

$$\frac{2\gamma_0}{\lambda_1\Gamma_0} + \frac{1}{\lambda_1^2\Gamma^2} = 1$$

d'où :

$$\frac{2}{\lambda_1} + \frac{1}{\lambda_1^2} = 1$$

soit le trinôme :

$$\boxed{\lambda_1^2 - 2\lambda_1 - 1 = 0}$$

et les pôles :

$$\lambda_1^{(1)} = \frac{1}{2}\left(2+\sqrt{8}\right) \text{ et } \lambda_2^{(1)} = \frac{1}{2}\left(2-\sqrt{8}\right).$$

$\beta_\varphi^2 = 4$ d'où $\Gamma_2^2 = 4-1=3$ correspondant à $\gamma_2 = \dfrac{1}{0{,}333...} = 3$ d'où $\beta_p^2 = 0{,}888...$

Avec $\gamma_2 = \Gamma_2^2$ on a :

$$\mathfrak{C}(\Gamma) = \frac{3\gamma_0}{\lambda_2\Gamma_0} + \frac{1}{\lambda_2^2\Gamma_0} = 1\,*$$

soit

$$\frac{3}{\lambda_2} + \frac{1}{\lambda_2^2} = 1$$

avec le trinôme :

$$\boxed{\lambda_2^2 - 3\lambda_2 - 1 = 0}$$

avec le pôles :

$$\lambda_1^{(2)} = \frac{1}{2}\left(3+\sqrt{13}\right) \text{ et } \lambda_2^{(2)} = \frac{1}{2}\left(3-\sqrt{13}\right)$$

En généralisant :

$$\boxed{\lambda_k^2 - 2k\lambda_k - 1 = 0} \qquad (59)$$

identique à (56) de pôles :

$$\begin{cases} \lambda_1^{(k)} = k + \sqrt{k^2 + 1} \\ \lambda_2^{(k)} = k - \sqrt{k^2 + 1} \end{cases} \qquad (60)$$

Pour $2k > 1$, les trinômes ne sont plus « dorés » et les pôles relèvent d'autres séries de Fibonacci que celle qui est reliée au Couple d'Or.
La gémellarité cesse d'être cardinale pour devenir ordinale (k demi entier > ½).

Du référentiel symplectique-noétique au référentiel quantique-phénoménal : de la fonction d'onde noétique à la fonction d'onde quantique

La théorie de la Fusion Espace$\leftarrow$ temps impose la construction symbolique d'un submicro-univers attaché à l'électron. La modélisation de ce submicro-univers est exposée dans le Lexique noétique IV(*) lequel est doté d'un rayon R et d'une longueur d'onde noétique plane associée $\tilde{\lambda}$. Si α est l'âge-durée symbolique correspondant au submicro-univers, la modélisation évoquée permet d'écrire en Fusion Espace$\leftarrow$temps :

$$\frac{j}{c_0}\frac{dR}{d\tau} \equiv \frac{j}{c_0}\frac{d}{d\alpha}\left(\frac{\tilde{\lambda}}{2\pi}\right) \qquad (61)$$

Cherchons une fonction $g(\alpha)$ dont la transformée G est telle que :

$$\Phi(\omega) = G[g(\alpha)] = \int_0^\infty g(\alpha).e^{j\omega\alpha}d\alpha \qquad (62)$$

(*) Site informatique : http://johann-soulas.publibook.com

Soit r* la « position » hyperspatiale du submicro-univers dans k directions vectorielles différentes, telle que la dimension $[k] = m^{-1}$ (courbure linéaire) du référentiel symplectique. L'angle pulsatoire du rayonnement noétique $\omega\alpha$ s'exprime alors par :

$$\widetilde{\omega}\alpha = \omega\widetilde{t} - kr^* \qquad (63),$$

$\widetilde{t}$ étant le « temps fusionnel » associé à l'âge-durée α. On a en référentiel symplectique :

$$\Phi(\widetilde{\omega}) = \int_0^\infty g\left(\widetilde{t} - \frac{kr^*}{\widetilde{\omega}}\right) e^{j\left(\widetilde{\omega}\widetilde{t} - kr^*\right)} d\alpha \qquad (64)$$

Prenons maintenant, la transformée inverse telle que :

$$G^{-1}[g(\alpha)] = \widetilde{\Psi}\left(r^*, \widetilde{t}\right) \qquad (65)$$

qui est la fonction d'onde cherchée. Il faut poser :

$$f(\widetilde{\omega}) = g\left(\widetilde{t} - \frac{kr^*}{\widetilde{\omega}}\right) \text{ avec } \widetilde{\omega}(\text{pulsation}) = 2\pi f = \frac{2\pi c_0}{\widetilde{\lambda}}.$$

On en déduit :

$$\boxed{\widetilde{\Psi}\left(r^*, \widetilde{t}\right) = \int_0^\infty f(\widetilde{\omega}) e^{-j\left(\widetilde{\omega}\widetilde{t} - kr^*\right)} d\widetilde{\omega}} \qquad (66).$$

L'impulsion $p = \hbar k$ n'ayant pas de sens en référentiel symplectique, il importe de considérer les k orientations vectorielles comme informatives contribuant aux propriétés ondulatoires symplectiques. Cherchant à exprimer complètement la fonction d'onde $\widetilde{\Psi}$, il convient de considérer l'énergie de translation :

$$E'_2 = \hbar\widetilde{\omega} \tag{67}$$

autour de faibles variations de $\widetilde{\omega}$. L'écriture (66) devient :

$$\widetilde{\Psi}\left(r^*,\widetilde{t}\right) = \int_0^\infty f(\widetilde{\omega})e^{-j\left(\frac{E'_2\widetilde{t}}{\hbar}-kr^*\right)}d\widetilde{\omega} \tag{68}$$

J'ai démontré la nécessité conceptuelle d'un opérateur de création universel (cf. Tome I de physique noétique) qui est précisément l'opérateur :

$$k = \mathcal{k}^2 c_0^{-4}\mathcal{G} \tag{69}$$

où $\mathcal{k}^2$ est la constante universelle de mutation phénoménal-symplectique, de dimension $\left[kg.s^{-2}\right]$ et de valeur $1{,}16465.10^{11}kg.s^{-2}$ et $\mathcal{G}$ la constante de gravitation de Newton. La fonction d'onde s'écrit maintenant :

$$\widetilde{\Psi}\left(r^*,\widetilde{t}\right) = \int_0^\infty f(\widetilde{\omega}).e^{-j\left(\frac{E'_2\widetilde{t}}{\hbar}-\frac{\mathcal{k}^2\mathcal{G}r^*}{c_0^4}\right)}d\widetilde{\omega} \tag{70}$$

Dérivons successivement sous le signe intégral, dérivée première par rapport à $\widetilde{t}$ puis dérivée seconde par rapport à r*. La dérivée première s'écrit :

$$j\frac{\hbar}{E'_2}\frac{\partial\widetilde{\Psi}}{\partial\widetilde{t}},$$

la dérivée seconde :

$$-\frac{c_0^8}{\mathcal{k}^4\mathcal{G}^2}\frac{\partial^2\widetilde{\Psi}}{\partial r^{*2}}$$

En actualisant le terme énergie E dans la dérivée seconde par l'opérateur de création $E = \mathcal{k}^2 \mathcal{C}^{-1}$, $\mathcal{C}$ étant la courbure d'aire hyperspatiale du submicro-univers rattaché à l'électron, on obtient l'écriture détaillée de la fonction d'onde :

$$j\hbar \frac{\partial \widetilde{\Psi}}{\partial \widetilde{t}} + \frac{c_0^8}{\mathcal{k}^2 \mathcal{G}^2 \mathcal{C}} \frac{\partial^2 \widetilde{\Psi}}{\partial r^{*2}} = \int_0^\infty f(\omega)[E'_2 - E] e^{-j\left(\frac{E'_2 \widetilde{t}}{\hbar} - \frac{\mathcal{k}^2 \mathcal{G} r^*}{c_0^4}\right)} d\widetilde{\omega} \quad (71)$$

En référentiel symplectique l'Information symplectique n'est pas contrainte : donc $E'_2 = E$, ce qui annule le second membre, si bien que :

$$\boxed{j\hbar \frac{\partial \widetilde{\Psi}}{\partial \widetilde{t}} = -C\Delta\widetilde{\Psi}} \quad (72)$$

avec :

$$C = \frac{c_0^8}{\mathcal{k}^2 \mathcal{G}^2 \mathcal{C}} \text{ et le laplacien } \Delta\widetilde{\omega} = \frac{\partial^2 \widetilde{\Psi}}{\partial r^{*2}} \quad (73)$$

J'admets que le submicro-univers engendre son propre champ d'énergie noétique scalaire. La tendance « naturelle » de l'énergie noétique $C\ \Delta\widetilde{\Psi}$ est de décroître (principe holomorphe). Il existe alors un opérateur holomorphe que je décris par :

$$\mathcal{H} = \mathcal{G}\left(\mathcal{C}_{p+1} - \mathcal{C}_p\right) \quad (74),$$

lequel croît par valeurs entières de p (niveau d'extensivité : $p = 1, p + 1 = 2, p + 2 = 3$, etc.). La courbure $\mathcal{C}$ est déterminée par le rayon R du submicro-univers. Or, le second terme du 1er membre de (71) s'écrit :

$$-\frac{c_0^8}{k^2\mathcal{G}^2\mathcal{C}}\frac{\partial^2\widetilde{\Psi}}{\partial r^{*2}}$$

et j'admets que r^* est fonction directe de R. Lors de la pulsation du submicro-univers, la variation instantanée du laplacien (par R) « provoque » (par $\mathcal{C}$) des variations dimensionnelles décroissantes (énergie noétique décroissante, Information noménale de structuration croissante). Si l'on définit une énergie potentielle U_P scalaire engendrée par la variation de C même, on écrit :

$$j\hbar\frac{\partial\widetilde{\Psi}}{\partial\widetilde{t}} = (U_P - C\Delta)\widetilde{\Psi} \qquad (75).$$

Et l'opérateur :

$$\mathcal{H} = U_P - C\Delta$$

désigne le **hamiltonien symplectique** si bien que la traduction la plus générale de (72) devient :

$$\boxed{j\hbar\frac{\partial\widetilde{\Psi}}{\partial\widetilde{t}} = \mathcal{H}\,\widetilde{\Psi}} \qquad (76)$$

La fonction d'onde (76) est d'autant plus opérationnelle que le hamiltonien est faible. Lorsque $\mathcal{H} = 0$, le submicro-univers agit en régime stationnaire.

Lorsque la fusion informative s'accomplit au maximum de ses possibilités « actuelles », la fréquence d'oscillation diminue dans de telles proportions que la longueur d'onde correspondante tend vers les dimensions de notre Univers cosmologique. Ceci signifie que l'holomorphisme a pu engendrer l'Information du TOUT ($\approx 2{,}1.10^{42}$ J^{-1}) tout en conservant pour l'aspect matérialisé (incarné) un

« univers » vivant (l'Homme-principe anthropique) aux proportions qui sont nôtres. La fonction d'onde $\widetilde{\Psi}$ devient alors UNIVERSELLE : c'est une fonction d'onde-Univers (à ne pas confondre avec celle de Wheeler – De Witt) que j'appelle **fonction-Psyché** Ω_Ψ si bien que (76) s'écrit alors :

$$\boxed{jA_M \frac{\partial \Omega_\Psi}{\partial \tau} = \mathcal{H}\, \Omega_\Psi} \qquad (77)$$

A_M est un terme d'action propre à la réalisation de l'Homme (anthropique) et Ω_Ψ varie selon une période d'Univers cosmologique (d'après mes calculs précédents : de l'ordre de plus de 80 milliards d'années).

La fonction d'onde quantique

C'est la célèbre équation de Erwin Schrödinger. Puisque l'équation est dans le référentiel phénoménal, la masse quantique m doit y apparaître. La « grande sœur » de (71) va s'écrire successivement avec :

$$\frac{c_0^8}{k^2\mathcal{G}^2\mathcal{C}} = \frac{\hbar^2}{2m}$$

et

$$\frac{\partial^2 \widetilde{\Psi}}{\partial r^{*2}} = \frac{\partial^2 \Psi}{\partial x^2} + \frac{\partial^2 \Psi}{\partial y^2} + \frac{\partial^2 \Psi}{\partial z^2}$$

ainsi que :

$$E = E_2' = \frac{p^2}{2m} :$$

$$j\hbar\frac{\partial\Psi}{\partial\tilde{t}}+\frac{\hbar^2}{2m}\left(\frac{\partial^2\Psi}{\partial x^2}+\frac{\partial^2\Psi}{\partial y^2}+\frac{\partial^2\Psi}{\partial z^2}\right)=\int_0^\infty\sigma(\Psi)e^{-j\left(\frac{Et-pr}{\hbar}\right)}d\Psi$$

(78)

puis :

$$j\hbar\frac{\partial\Psi(r,t)}{\partial t}=-\frac{\hbar^2}{2m}\Delta+U=H\Psi(r,t) \qquad (79)$$

H étant l'hamiltonien classique.

Il est donc possible de déduire l'équation de Schrödinger de l'établissement de la fonction d'onde symplectique dans le respect des dimensions physiques. En quelque sorte, validant ainsi la théorie de la Mutation référentielle, il est possible également de franchir le « mur de la lumière » dans le sens symplectique→phénoménal (noétique→quantique). A remarquer un résultat intéressant : en posant $m=\mu_e$ (masse phénoménale (grave) de l'électron au repos), le calcul fournit pour (78) :

$$E-\frac{p^2}{2\mu_e}=0 \qquad (80)$$

ce qui impose $E=E'_{20}=4{,}093541...10^{-14}\,J=255496{,}6\,eV\,!$, énergie de translation électron ⇆ première Information symplectique (NG) de base ($\beta^2=3$ ou $v_{phase}=c_0\sqrt{3}$) ; cette équation « avoue » ainsi la commutativité nécessaire entre les deux référentiels, validant encore le modèle de la Mutation… et la possibilité de « franchir » le « mur de la lumière ». L'équation de Schrödinger gouverne toute la mécanique ondulatoire et constitue donc l'une des quelques lois ontologiques de toute la physique.

Deuxième partie

Les deux lois ontologiques de la Matière par la Fusion Espace←temps

La grande législation mathématique de l'Esprit

Cinquième loi :
Electromagnétisme Universel

Pésentation

Dans la Première partie, j'ai développé trois lois ontologiques de la mécanique quantique : ce que j'appelle les lois d'Einstein, de Planck, de De Broglie. Elles concernent l'ensemble de la Connaissance matérielle de l'Univers ; c'est dire à quel point l'aspect quantique de la physique est prédominant et « assujettit » les autres lois de la physique au « cantonnement limite » d'une validité qui n'est acceptable que dans le coutumier du macrocosme révélé par nos sens physiologiques. Ces trois lois peuvent être établies selon la démarche exclusive de la physique classique. La quatrième loi exprimée par l'équation de Schrödinger, peut être, également, établie « matériellement ». C'est, évidemment, de cette manière qu'elle a été établie par les contemporains d'Edwin Schrödinger lequel l'avait trouvée par une démarche plus intuitive. Si j'ai choisi de l'établir à partir du référentiel symplectique, c'est pour montrer la relation imbriquée entre la matière (espace-temps déployé) et la Fusion Espace←temps (d'où la nécessité de présenter le modèle de la Mutation référentielle).

Dans la Deuxième partie, il reste deux lois ontologiques à développer : celle de l'électromagnétisme (1855-1868) établie par le physicien écossais James Clerk Maxwell et la loi de la gravitation universelle (dès 1687) due à Isaac Newton. Cette dernière est donc antérieure à la première. Les lois de Newton, beaucoup plus simples que celles de

Maxwell, ont un point commun : toutes deux sont des lois s'exerçant à distance. Toutes deux sont à l'origine de la **théorie des champs** : grandeur physique qui prend une valeur en tout point de l'espace ce qui suggère que l'espace est **continu**. Or la notion de continuité de l'espace s'oppose à la discontinuité qui caractérise la vision de Newton. La force de gravitation relie bien deux points matériels, donc discontinus, au sein d'un espace continu qui les sépare ce qui fait que l'espace n'a aucune importance dans l'édifice théorique newtonien. L'approche maxwellienne en électromagnétisme est, ainsi résolument novatrice, voire révolutionnaire. Il va de soi que J. C. Maxwell, ainsi que I. Newton ont établi leurs théories respectives selon la démarche expérimentale classique. J'ai tenu, dans cette partie, à inverser le développement de ces deux théories, et à les constituer en Fusion Espace←temps. Je prétends que l'élégance et la cohérence de cette démarche est exclusive et n'a pas son équivalent dans toute autre démarche « matérialiste » : lors du développement espace-temps a posteriori, la théorie de la gravitation « acquiert » ainsi le « label-continuité » comme l'électromagnétisme, même si ma démarche concernant la gravitation peut ne pas être exempte de critiques.

Introduction générale à la Fusion électromagnétique

Introduisons le concept de l'**évolution** sous sa forme « Intelligence téléonomique », donc capacité de s'autoconstruire et de s'autodéterminer dans un modèle physique. Ceci exigera, selon toute évidence, l'existence de la notion d'INFORMATION.

Ecrivons l'équation Klein-Gordon en coordonnées spatiales (le tilde surmontant le symbole fonction d'ondes Ψ désignant l'écriture en référentiel symplectique ou nouménal) :

$$\square\widetilde{\Psi}+\frac{\mu_e^2 c_0^2}{\hbar^2}\widetilde{\Psi}=0 \tag{81}$$

Ou encore :

$$-\frac{1}{c_0^2}\frac{\partial^2\widetilde{\Psi}_{\mu v}}{\partial\widetilde{t}^2}+\Delta\widetilde{\Psi}_{\mu v}=-K\widetilde{\Psi}_{\mu v} \tag{82}$$

avec $K=\frac{\mu_e^2 c_0^2}{\hbar^2}$ et où μ, v = 1, 2, 3, 4, $\widetilde{\Psi}_{\mu v}$ désignant la fonction d'onde du submicro–univers (considérée réelle dans le référentiel noménal à axes d'espace). L'équation (82) représente alors la propagation des ondes électromagnétiques symplectiques. D'après les propriétés des électrons de Dirac, on peut dire que deux submicro–univers fermioniques de spin ½ peuvent « fusionner » en un seul de spin total ½ × 2 = 1, le spin, jusqu'à $n=2$ devant être considéré comme un vecteur informatif lorsque le submicro–univers–électron entre en Fusion.

Si nous reprenons l'équation d'onde noétique : $-\frac{jh}{2\pi}\frac{\partial\widetilde{\Psi}}{\partial\widetilde{t}}=\mathcal{H}\widetilde{\Psi}$ pour le submicro–univers, nous sommes obligés (avec trois coordonnées spatiales et une coordonnée temps) à l'écrire en utilisant quatre matrices hermitiennes carrées (4 × 4) α_1 α_2 α_3 α_4, de sorte que

$$\alpha_i\widetilde{\Psi}_j=\sum_1^4{}_k(\alpha_i)_{jk}\widetilde{\Psi}_k \tag{83}$$

représente une combinaison linéaire des quatre « opérateurs » $\widetilde{\Psi}_k$.

Les quatre matrices doivent répondre à l'égalité combinée suivante :

$$\alpha_i\alpha_k + \alpha_k\alpha_i = 2\delta_{ik} \quad \boxed{1} \qquad (84)$$

(δ_{ik} symbole de Kronecker et $\boxed{1}$ matrice unité) de sorte que le carré de chacune d'elles soit obligatoirement égal à la matrice unité et que deux matrices α_i et α_k ne soient pas commutables. Ces deux conditions impératives ne suffisent pas à déterminer complètement les α_i mais cette indétermination n'entraîne aucune confusion sur les conséquences physiques de ce qui va suivre.
Nous posons maintenant le paramètre purement géométrique $\left(m^{-1}\right)$:

$$k = \frac{\mu_e c_0}{\hbar} \qquad (85),$$

Avec : x_i les coordonnées d'espace (i = 1, 2, 3) et
$\tilde{x}_4$ coordonnée temporelle noménale ($jc_0\tilde{t}$),
l'intégrale première de (82) s'écrit sur les quatre dimensions espace–temps :

$$\begin{aligned}
-j\partial_4\tilde{\Psi}_1 &= (\partial_1 + j\partial_2)\tilde{\Psi}_4 + \partial_3\tilde{\Psi}_3 - k\tilde{\Psi}_1 \\
-j\partial_4\tilde{\Psi}_2 &= (\partial_1 - j\partial_2)\tilde{\Psi}_3 - \partial_3\tilde{\Psi}_4 - k\tilde{\Psi}_2 \\
-j\partial_4\tilde{\Psi}_3 &= (\partial_1 + j\partial_2)\tilde{\Psi}_2 + \partial_3\tilde{\Psi}_1 + k\tilde{\Psi}_3 \\
-j\partial_4\tilde{\Psi}_4 &= (\partial_1 - j\partial_2)\tilde{\Psi}_1 - \partial_3\tilde{\Psi}_2 + k\tilde{\Psi}_4
\end{aligned} \qquad (86)$$

Selon cette écriture, la combinatoire matricielle est la suivante :

$$[\alpha_1+\alpha_2](\widetilde{\Psi}_4) \quad \alpha_3(\widetilde{\Psi}_3)\ \alpha_4(\widetilde{\Psi}_1)$$

$$[\alpha_1+\alpha_2](\widetilde{\Psi}_3) \quad \alpha_3(\widetilde{\Psi}_4)\ \alpha_4(\widetilde{\Psi}_2)$$

$$[\alpha_1+\alpha_2](\widetilde{\Psi}_2) \quad \alpha_3(\widetilde{\Psi}_1)\ \alpha_4(\widetilde{\Psi}_3) \qquad (87)$$

$$[\alpha_1+\alpha_2](\widetilde{\Psi}_1) \quad \alpha_3(\widetilde{\Psi}_2)\ \alpha_4(\widetilde{\Psi}_4)$$

donc parfaitement ordonnée.

En observant les dispositions d'écriture des formulations (86) et (87), on déduit les matrices suivantes :

$$\alpha_1 = \begin{bmatrix} 0 & 0 & 0 & 1 \\ 0 & 0 & 1 & 0 \\ 0 & 1 & 0 & 0 \\ 1 & 0 & 0 & 0 \end{bmatrix} \alpha_2 = \begin{bmatrix} 0 & 0 & 0 & j \\ 0 & 0 & -j & 0 \\ 0 & j & 0 & 0 \\ -j & 0 & 0 & 0 \end{bmatrix}$$

$$\alpha_3 = \begin{bmatrix} 0 & 0 & 1 & 0 \\ 0 & 0 & 0 & -1 \\ 1 & 0 & 0 & 0 \\ 0 & -1 & 0 & 0 \end{bmatrix} \alpha_4 = \begin{bmatrix} -1 & 0 & 0 & 0 \\ 0 & -1 & 0 & 0 \\ 0 & 0 & 1 & 0 \\ 0 & 0 & 0 & 1 \end{bmatrix} \qquad (88)$$

L'aspect introductif, ici établi, sert de base fondamentale à tous les développements analytiques souhaitables.

En considérant (82) et en ramenant cette équation à une différentielle de premier ordre, j'écris les groupes d'équations suivantes :

$$\left.\begin{aligned} -j\partial_4\widetilde{\Psi}_{\mu\nu} &= \left(\partial_1 a_1^{(1)} + \partial_2 a_2^{(1)} + \partial_3 a_3^{(1)} - K a_4^{(1)}\right)\widetilde{\Psi}_{\mu\nu} \\ -j\partial_4\widetilde{\Psi}_{\mu\nu} &= \left(\partial_1 a_1^{(2)} + \partial_2 a_2^{(2)} + \partial_3 a_3^{(2)} - K a_4^{(2)}\right)\widetilde{\Psi}_{\mu\nu} \end{aligned}\right\} \quad (89)$$

En additionnant puis en soustrayant les deux équations de (89), on obtient :

$$\left.\begin{aligned} -j\partial_4\widetilde{\Psi}_{\mu\nu} &= \left[\frac{1}{2}\partial_1\left(a_1^{(1)} + a_1^{(2)}\right) + \frac{1}{2}\partial_2\left(a_2^{(1)} + a_2^{(2)}\right) + \frac{1}{2}\partial_3\left(a_3^{(1)} + a_3^{(2)}\right) - \frac{K}{2}\left(a_4^{(1)} + a_4^{(2)}\right)\right]\widetilde{\Psi}_{\mu\nu} \\ 0 &= \left[\frac{1}{2}\partial_1\left(a_1^{(1)} - a_1^{(2)}\right) + \frac{1}{2}\partial_2\left(a_2^{(1)} - a_2^{(2)}\right) + \frac{1}{2}\partial_3\left(a_3^{(1)} - a_3^{(2)}\right) - \frac{K}{2}\left(a_4^{(1)} - a_4^{(2)}\right)\right]\widetilde{\Psi}_{\mu\nu} \end{aligned}\right\} \quad (90)$$

Il s'agit, encore, de deux groupes de seize équations chacune, fusionnées au spin 1. La première équation de (90), puisque fonction « hors-temps », est dite **évolutive**. La deuxième équation décrit les **conditions** à remplir à **chaque instant** pour que le système puisse évoluer.

Pouvons-nous obtenir un contexte combinatoire de (90) purement ondulatoire? Dans la version purement géométrique riemannienne, on peut négliger le terme en K, sans, pour autant, altérer la validité de l'écriture. Nous aurions, dans ce cas :

$$\begin{aligned} \frac{\partial\widetilde{\Psi}_{\mu\nu}}{\partial \widetilde{t}} &= \frac{1}{2}\sum_{i=1}^{3}\partial_i\left[a_j^{(1)} + a_j^{(2)}\right]\widetilde{\Psi}_{\mu\nu} \\ 0 &= \frac{1}{2}\sum_{i=1}^{3}\partial_i\left[a_j^{(1)} - a_j^{(2)}\right]\widetilde{\Psi}_{\mu\nu} \end{aligned} \quad (91)$$

(j = 1, 2, 3)

Si on choisit $a_j^{(2)}$ comme une orientation $a_j^{(2)} = -b_j^{(2)}$ le système devient :

$$\frac{\partial \widetilde{\Psi}_{\mu\nu}}{\partial \widetilde{t}} = \frac{1}{2}\sum_{i=1}^{3} \partial_i \left[a_j^{(1)} - b_j^{(2)}\right] \widetilde{\Psi}_{\mu\nu}$$

$$0 = \frac{1}{2}\sum_{i=1}^{3} \partial_i \left[a_j^{(1)} + b_j^{(2)}\right] \widetilde{\Psi}_{\mu\nu} \qquad (92)$$

On reconnaît le caractère fondamentalement maxwellien de (92) dans le cas d'une fusion informative au spin1. En effet, l'onde $\widetilde{\Psi}_{\mu\nu}$ est nécessairement un champ électromagnétique noétique et les termes $a_j^{(1)} - b_j^{(2)}$ apparaissent comme un rotationnel. Quant à la deuxième équation, il s'agit d'une divergence nulle. On peut donc attribuer à $\widetilde{\Psi}_{\mu\nu}$, tantôt la composante électrique, tantôt la composante magnétique du champ et « faire jouer » le rôle de rotationnel à $\partial_i[\, a_j^{(1)} - b_j^{(2)}\,]\, \widetilde{\Psi}_{\mu\nu}$.

Enfin, pour l'ensemble des équations (92), compte tenu des relations entre les $a_j^{(k)}$, on constate que chacune des seize fonctions d'onde $\widetilde{\Psi}_{\mu\nu}$ satisfait à l'équation actionnelle du second ordre symplectique :

$$\Box \widetilde{\Psi}_{\mu\nu} = -K^2 \widetilde{\Psi}_{\mu\nu}$$

Et, comme précédemment, en physique purement ondulatoire (euclidienne), $K^2 = 0$, d'où :

$$\Box\ \widetilde{\Psi}_{\mu\nu} = 0 \qquad (93)$$

Nous avons abordé la notion de la fusion noétique laquelle, pour la fusion ± ½ × 2 = ± 1, est une fusion quantique. C'est la première fusion, la base originelle du développement édificateur.

Les matrices fusionnelles (88) sont au nombre de **quatre**. Puisque, à chaque fusion, un système de deux équations est nécessaire (à l'image de (89), les coefficients α_1 à α_4 développent dans chaque tableau $4 \times 4 = 16$ bases combinatoires.

Établissement du modèle électromagnétique en référentiels symplectique et phénoménal

La fusion électromagnétique $n = 1\ (2 \times 1/2)$

Je vais développer un raisonnement fondamental par lequel la notion synthétique totalement présentée sur la base des quatre matrices fusionnelles précédentes va aboutir à un résultat général d'une importance capitale, celui qui décrit toute préfusion électromagnétique sous une forme fusionnelle complète par amplification attractive commutative.

Nous sommes partis de l'équation K.-G. (91) soit :

$$\Box \widetilde{\Psi} + \mathcal{C} \widetilde{\Psi} = 0$$

A partir des matrices $\alpha_i [\alpha_1 ; \alpha_2 ; \alpha_3 ; \alpha_4]$, toute nouvelle « solution fusionnée » $\widetilde{\Psi}_k^i$ doit être une combinaison linéaire des solutions $\widetilde{\Psi}_k$ indépendantes.

La première notion, à prendre en compte sur le plan **informatif**, selon mes paradigmes, c'est l'**orientation** du spin. Il existe une deuxième notion, selon moi, une sorte de « déploiement » de l'orientation. Celui-ci n'a de signification qu'en situation de **communication**. L'orientation, sur le plan physique, c'est l'existence d'un moment cinétique propre à l'électron. La communication, c'est le « déploiement » du moment cinétique assorti du moment pulsation magnétique propre. Le « modèle » de l'établissement de ces éléments exige les solutions qui soient toujours intégrales premières. Ainsi, les équations (86) « orientées » sont du premier ordre. Or, « communication » signifie en termes noétiques, commutation matricielle des grandeurs concernées. Et le premier ordre mentionné ne permet pas d'obtenir des commutations entre les composantes du moment cinétique orbital et l'hamiltonien. La commutation se produit pour le second ordre ce qui conduit, pour maintenir la nécessité du premier ordre, à ajouter à chaque composante du moment orbital, les composantes du moment cinétique propre, donc du spin de l'électron. Il s'agit des opérateurs suivants ($x = x_1$, $y = x_2$, $z = x_3$) selon l'action noétique par :

$$\left.\begin{aligned} \mathcal{S}_x &= \frac{1}{2} j \mathcal{C} \alpha_2 \alpha_3 \\ \mathcal{S}_y &= \frac{1}{2} j \mathcal{C} \alpha_3 \alpha_1 \\ \mathcal{S}_z &= \frac{1}{2} j \mathcal{C} \alpha_1 \alpha_2 \end{aligned}\right\} \tag{94}$$

avec $\mathcal{C} = k^2 f^{-1} \hbar^{-1}$, f étant une fréquence électromagnétique appropriée avec, selon l'écriture, $j = \sqrt{-1}$.

Et donc, aux valeurs propres $\pm \frac{1}{2} \mathcal{C}$.

En déployant ainsi (81) selon une « correspondance » fusionnelle, on obtient :

$$\left.\begin{aligned} -\mathrm{j}\partial_4 \widetilde{\Psi}_{\mu}^{(1)} &= \partial_1 \sum_{1}^{4}{}_{\gamma} (\alpha_1)_{\mu\gamma} \widetilde{\Psi}_{\gamma}^{(1)} + \partial_2 \sum_{1}^{4}{}_{\gamma} (\alpha_2)_{\mu\gamma} \widetilde{\Psi}_{\gamma}^{(1)} + \partial_3 \sum_{1}^{4}{}_{\gamma} (\alpha_3)_{\mu\gamma} \widetilde{\Psi}_{\gamma}^{(1)} - \mathrm{K} \sum_{1}^{4}{}_{\gamma} (\alpha_4)_{\mu\gamma} \widetilde{\Psi}_{\gamma}^{(1)} \\ -\mathrm{j}\partial_4 \widetilde{\Psi}_{\nu}^{(2)} &= \partial_1 \sum_{1}^{4}{}_{\gamma} (\alpha_1)_{\nu\gamma} \widetilde{\Psi}_{\gamma}^{(2)} + \partial_2 \sum_{1}^{4}{}_{\gamma} (\alpha_2)_{\nu\gamma} \widetilde{\Psi}_{\gamma}^{(2)} + \partial_3 \sum_{1}^{4}{}_{\gamma} (\alpha_3)_{\nu\gamma} \widetilde{\Psi}_{\gamma}^{(2)} - \mathrm{K} \sum_{1}^{4}{}_{\gamma} (\alpha_4)_{\nu\gamma} \widetilde{\Psi}_{\gamma}^{(2)} \end{aligned}\right\} \quad (95)$$

où K est une courbure hyperspatiale.

En supposant une liaison par fusion informative des deux mêmes spins (½) des submicro–univers, il vient :

$$\widetilde{\Psi}_{\nu}^{(2)} \partial_q \widetilde{\Psi}_{\mu}^{(1)} = \widetilde{\Psi}_{\mu}^{(1)} \partial_q \widetilde{\Psi}_{\nu}^{(2)} = \frac{1}{2} \partial_q \left(\widetilde{\Psi}_{\mu}^{(1)} \widetilde{\Psi}_{\nu}^{(2)} \right) = \frac{1}{2} \partial_q \widetilde{\Psi}_{\mu\nu} \quad (96)$$

$(\mu, \nu = 1, 2, 3, 4)$.

Dans ces conditions, le postulat informatif repose sur l'allégation suivante : la fonction d'onde $\widetilde{\Psi}_{\mu\nu} = \widetilde{\Psi}_{\mu}^{(1)} \widetilde{\Psi}_{\nu}^{(2)}$ est l'une des seize composantes décrites par les (4 × 4) composantes matricielles combinées, $\widetilde{\Psi}_{\mu\nu}$ représentant la **fonction d'onde informative** de deux submicro–univers (½) « fusionnés ».

Les deux expressions de (95) nous amènent, ainsi, à formaliser une **fusion sur le plan matriciel** à partir des matrices $[\alpha_d]$ par un ensemble de quatre fois quatre (4 × 4) opérateurs spatiotemporels symplectiques–nouménaux ou huit matrices (16 × 16).

La formulation de ces matrices amène à définir des « orientations » ou paramètres a_d en fonction des α_i, tels que :

$$\left.\begin{aligned} \left(a_d^{(1)}\right)_{\mu\nu,\,\gamma\varepsilon} &= (\alpha_d)_{\mu\nu} \delta_{\nu\varepsilon} \\ \left(a_d^{(2)}\right)_{\mu\nu,\,\gamma\varepsilon} &= (\alpha_d)_{\nu\varepsilon} \delta_{\mu\nu} \end{aligned}\right. \quad (97)$$

les $\delta_{(\mu\nu)(\gamma\varepsilon)}$ étant les symboles de Kronecker associés à chaque matrice.

Nous devons trouver, d'après les propriétés des matrices, les correspondances non commutatives et commutatives suivantes :

$$\left.\begin{aligned} a_{\mathrm{d}}^{(1)} a_{\mathrm{d}'}^{(1)} + a_{\mathrm{d}'}^{(1)} a_{\mathrm{d}}^{(1)} &= 2\delta_{\mathrm{dd}'}[1] \\ a_{\mathrm{d}}^{(2)} a_{\mathrm{d}'}^{(2)} + a_{\mathrm{d}'}^{(2)} a_{\mathrm{d}}^{(2)} &= 2\delta_{\mathrm{dd}'}[1] \\ a_{\mathrm{d}'}^{(1)} a_{\mathrm{d}}^{(2)} - a_{\mathrm{d}}^{(2)} a_{\mathrm{d}'}^{(1)} &= 0 \end{aligned}\right\} \quad (98)$$

le terme [1] étant la matrice unité.

En utilisant la même convention que pour les matrices α_i, écrivons par définition :

$$a_{\mathrm{d}}^{(\mathrm{k})} \widetilde{\Psi}_{\mu\nu} = \sum_{1}^{4}{}_{\gamma,\varepsilon} \left(a_{\mathrm{d}}^{(\mathrm{k})}\right)_{\mu\nu,\gamma\varepsilon} \widetilde{\Psi}_{\gamma\varepsilon} \quad (99)$$

($\mathrm{k} = 1, 2 \quad \mu, \nu = 1, 2, 3, 4$)

Passons de l'« orientation α_i » à l' « orientation a_{d} », en multipliant la première équation de (95) par $\widetilde{\Psi}_{\nu}^{(2)}$ et la seconde par $\widetilde{\Psi}_{\mu}^{(1)}$. Il vient (toujours avec $c_0 = 1$) en symplectique :

$$\left.\begin{aligned} -\mathrm{j}\partial_4 \widetilde{\Psi}_{\mu\nu} &= \left(\partial_1 a_1^{(1)} + \partial_2 a_2^{(1)} + \partial_3 a_3^{(1)} - \mathrm{K} a_4^{(1)}\right) \widetilde{\Psi}_{\mu\nu} \\ -\mathrm{j}\partial_4 \widetilde{\Psi}_{\mu\nu} &= \left(\partial_1 a_1^{(2)} + \partial_2 a_2^{(2)} + \partial_3 a_3^{(2)} - \mathrm{K} a_4^{(2)}\right) \widetilde{\Psi}_{\mu\nu} \end{aligned}\right\} \quad (100)$$

L'écriture est nettement plus confinée, plus concise que celle de (95). Chaque « orientation » a_d contient l'information de 4 combinaisons spatiales des α_i si bien que chacune des deux équations de (100) comprend seize équations, soit 32 équations d'ondes de spin 1 en tout. Les matrices a_d obtenues sont donc à 16 × 16 lignes-colonnes, ce que confirme bien la fusion matricielle obtenue par (97). J'appelle (100) système **évolutif**.

D'autres combinaisons d'écriture sont intéressantes. L'une d'entre elles qui devraient retenir toute notre attention résulte de notre raisonnement précédent, à savoir l'impossibilité à faire intervenir le terme de masse puisque nous raisonnons dans le référentiel nouménal, voire symplectique qui ne concerne pas la masse « grave » (pesante) de l'électron.

En additionnant puis en soustrayant les deux équations de (100), on obtient :

$$\left.\begin{aligned} -j\partial_4 \widetilde{\Psi}_{\mu\nu} &= \left[\frac{1}{2}\partial_1\left(a_1^{(1)}+a_1^{(2)}\right)+\frac{1}{2}\partial_2\left(a_2^{(1)}+a_2^{(2)}\right)+\frac{1}{2}\partial_3\left(a_3^{(1)}+a_3^{(2)}\right)-\frac{K}{2}\left(a_4^{(1)}+a_4^{(2)}\right)\right]\widetilde{\Psi}_{\mu\nu} \\ 0 &= \left[\frac{1}{2}\partial_1\left(a_1^{(1)}-a_1^{(2)}\right)+\frac{1}{2}\partial_2\left(a_2^{(1)}-a_2^{(2)}\right)+\frac{1}{2}\partial_3\left(a_3^{(1)}-a_3^{(2)}\right)-\frac{K}{2}\left(a_4^{(1)}-a_4^{(2)}\right)\right]\widetilde{\Psi}_{\mu\nu} \end{aligned}\right\} \tag{101}$$

Il s'agit, encore, de deux groupes de seize équations chacune, fusionnées au spin 1. Comme (100), la première équation de (101), puisque fusionnelle par $a_k^{(1)}+a_k^{(2)}$, est dite **évolutive**. La deuxième équation décrit les **conditions** à remplir à **chaque instant** pour que le système puisse évoluer.

Récapitulons en posant $\partial_x=\partial_1$; $\partial_y=\partial_2$; $\partial_z=\partial_3$; $\frac{1}{c_0}\frac{\partial}{\partial\widetilde{t}}=-j\partial_4$ (89) s'écrit :

$$\left.\begin{aligned}
&(102)\quad \frac{1}{c_0}\frac{\widetilde{\Psi}_{\mu\nu}}{\partial\widetilde{t}} = \left(\partial_x a_1^{(1)} + \partial_y a_2^{(1)} + \partial_z a_3^{(1)} + \mathrm{K} a_4^{(1)}\right)\widetilde{\Psi}_{\mu\nu} \\
&(103)\quad \frac{1}{c_0}\frac{\widetilde{\Psi}_{\mu\nu}}{\partial\widetilde{t}} = \left(\partial_x a_1^{(2)} + \partial_y a_2^{(2)} + \partial_z a_3^{(2)} - \mathrm{K} a_4^{(2)}\right)\widetilde{\Psi}_{\mu\nu}
\end{aligned}\right\}\mathrm{I}$$

avec $\mathrm{K} = \hbar^{-1}\mu_e c_0$, μ_e : masse de l'électron (N.G.) $\mu, \nu = 1, 2, 3, 4$.

Combinons les équations (I) par addition et soustraction :

$$\left.\begin{aligned}
&(104)\quad \frac{1}{c_0}\frac{\widetilde{\Psi}_{\mu\nu}}{\partial\widetilde{t}} = \left(\partial_x \frac{a_1^{(1)} + a_1^{(2)}}{2} + \partial_y \frac{a_2^{(1)} + a_2^{(2)}}{2} + \partial_z \frac{a_3^{(1)} + a_3^{(2)}}{2} + \mathrm{K}\frac{a_4^{(1)} + a_4^{(2)}}{2}\right)\widetilde{\Psi}_{\mu\nu} \\
&(105)\quad 0 = \left(\partial_x \frac{a_1^{(1)} - a_1^{(2)}}{2} + \partial_y \frac{a_2^{(1)} - a_2^{(2)}}{2} + \partial_z \frac{a_3^{(1)} - a_3^{(2)}}{2} + \mathrm{K}\frac{a_4^{(1)} - a_4^{(2)}}{2}\right)\widetilde{\Psi}_{\mu\nu}
\end{aligned}\right\}\mathrm{II}$$

L'expression (92) dite de condition évolutive des seize fonctions d'onde $\widetilde{\Psi}_{\mu\nu}$ est comparable aux équations $\frac{\partial\Gamma}{\partial\widetilde{t}}$ et $\frac{\partial\mathrm{M}}{\partial\widetilde{t}}$ du système maxwellien. L'expression (93) est équivalente aux équations maxwelliennes de divergence $\nabla\cdot\Gamma$ et $\nabla\cdot\mathrm{M}$. (Γ et M représentant, respectivement champs « électrique symplectique » et « magnétique symplectique ».

Exprimons, maintenant, l'interaction matière (réf. Phénoménal) et rayonnement phénoménal-symplectique, respectivement par :

$$\left.\begin{aligned}
&(106)\quad \frac{1}{c_0}\frac{\partial}{\partial\widetilde{t}}\frac{a_4^{(1)} + a_4^{(2)}}{2}\widetilde{\Psi}_{\mu\nu} = \left[\partial_x \frac{a_1^{(1)}a_{4.}^{(2)} + a_1^{(2)}a_4^{(1)}}{2} + \partial_y \frac{a_2^{(1)}a_{4.}^{(2)} + a_2^{(2)}a_4^{(1)}}{2} + \partial_z \frac{a_3^{(1)}a_{4.}^{(2)} + a_3^{(2)}a_4^{(1)}}{2} + \mathrm{K}a_4^{(1)}a_4^{(2)}\right]\widetilde{\Psi}_{\mu\nu} \\
&(107)\quad \frac{1}{c_0}\frac{\partial}{\partial\widetilde{t}}\frac{a_4^{(1)} - a_4^{(2)}}{2}\widetilde{\Psi}_{\mu\nu} = \left[\partial_x \frac{a_1^{(1)}a_{4.}^{(2)} - a_1^{(2)}a_4^{(1)}}{2} + \partial_y \frac{a_2^{(1)}a_{4.}^{(2)} - a_2^{(2)}a_4^{(1)}}{2} + \partial_z \frac{a_3^{(1)}a_{4.}^{(2)} - a_3^{(2)}a_4^{(1)}}{2}\right]\widetilde{\Psi}_{\mu\nu}
\end{aligned}\right\}\mathrm{III}$$

A partir du groupe I et la combinatoire des termes matriciels en a_i^γ, on établit que chacune des seize fonctions d'onde satisfait le dalembertien

$$\Box \widetilde{\Psi}_{\mu\nu} = \frac{1}{c_0^2}\frac{\partial^2 \widetilde{\Psi}_{\mu\nu}}{\partial \widetilde{t}^2} - \Delta \widetilde{\Psi}_{\mu\nu} = K\widetilde{\Psi}_{\mu\nu} \qquad (108),$$

et en ondulatoire pure :

$$\Box \widetilde{\Psi}_{\mu\nu} = 0 \qquad (109),$$

photon à masse nulle (ou quasi nulle) en phénoménal, rigoureusement nulle en symplectique (car NG), vérifiant la théorie ondulatoire du photon.

Rappelons maintenant les matrices de Van Neumann, afin de transformer les écritures ci-dessus en représentation tensorielle. Mais auparavant, rappelons les explications du Lexique II (revoir mon site) résumées ci-dessous et concernant l'impératif de classification des termes.

L'Information noétique de la Fusion électromagnétique contient la **totalité fonctionnelle** de sa disponibilité sous réserve d'une « exploitation » de calcul que la théorie combinatoire matricielle nous apprend à utiliser avec le maximum d'efficacité. Pour cela, il est nécessaire d'opérer, avant toute chose, à une classification ordonnée des termes.

La classification précédemment esquissée par (88), (86) et (87) (dans cet ordre), nous y conduit. Par exemple, la première ligne de (86) soit :

$$-j\partial_4\widetilde{\Psi}_1 = (\partial_1 + j\partial_2)\widetilde{\Psi}_4 + \partial_3\widetilde{\Psi}_3 - k\widetilde{\Psi}_1$$

est ordonné comme suit :

$$\begin{array}{cccc} \uparrow & \uparrow & \uparrow & \uparrow \\ \alpha_4 & \alpha_1 & \alpha_2 & \alpha_3 \end{array}$$

= correspondances avec (88) :

α_1, α_2 : 1ère ligne, 4e colonne $(\widetilde{\Psi}_4)$ des tableaux α_1 et α_2 de (88) ;

α_3 : 1ère ligne, 3e colonne $(\widetilde{\Psi}_5)$ du tableau α_3 de (88) ;

α_4 : 1ère ligne, 1e colonne $(\widetilde{\Psi}_1)$ du tableau α_4 de (88).

Si bien que, α_4 figurant en association avec k pour $(\widetilde{\Psi}_1 \ldots \widetilde{\Psi}_4)$, on a la correspondance $[\alpha_1 + \alpha_2](\widetilde{\Psi}_4)\ \alpha_3(\widetilde{\Psi}_3)\ \alpha_4(\widetilde{\Psi}_1)$ (1ère ligne de (87)) écrite sous la forme 1ère ligne de (86) ci–dessus.

$$-j\partial_4\widetilde{\Psi}_1 = (\partial_1 + j\partial_2)\widetilde{\Psi}_4 + \partial_3\widetilde{\Psi}_3 - k\widetilde{\Psi}_1$$

Étudions, de la même façon la deuxième équation de (86) soit :

$$-j\partial_4\widetilde{\Psi}_2 = (\partial_1 - j\partial_2)\widetilde{\Psi}_3 - \partial_3\widetilde{\Psi}_4 - k\widetilde{\Psi}_2$$

$$\begin{array}{cccc} \uparrow & \uparrow & \uparrow & \uparrow \\ \alpha_4 & \alpha_1 & \alpha_2 & \alpha_3 \end{array}$$

α_1, α_2 : 2e ligne, 3e colonne $(\widetilde{\Psi}_3)$ (voir (88))

α_3 : 2e ligne, 4e colonne $(\widetilde{\Psi}_4)$

α_4 : 2e ligne, 2e colonne $(\widetilde{\Psi}_1)$.

On obtient la correspondance :

$[\alpha_1 + \alpha_2](\widetilde{\Psi}_3)\ \alpha_3(\widetilde{\Psi}_4)\ \alpha_4(\widetilde{\Psi}_2)$ (2e ligne de (87)), écrite sous la forme :

$-j\partial_4\widetilde{\Psi}_2 = (\partial_1 - j\partial_2)\widetilde{\Psi}_3 - \partial_3\widetilde{\Psi}_4 - k\widetilde{\Psi}_2$ (deuxième équation de (86)).

Bien entendu, il conviendrait d'effectuer les mêmes correspondances pour les 3e et 4e lignes de (88), (86) et (87).

La classification $\dot{n} = 1$, suppose « multiplier » par 2 la classification ci–dessus pour $\dot{n} = \pm½$; avec quatre dimensions de $G_{\mu\nu}$ (μ, ν = 0 à 3 ou 1 à 4), nous avons vu par (89), que l'on obtient $4 \times 2 = 8$ termes. Avec $\mathcal{N} = 16^1$, nous obtenons alors $16 \times 2 = 32$ équations entre les paramètres « $\widetilde{\Psi}$ » que je nomme « ρ » pour ne pas entraîner de confusion (cf. « N'–Théorie »).

Constituons donc la matrice correspondante $\dot{n} = 1$. Il importe de prendre en compte les combinatoires matricielles de Van Neumann, soit :

$\eta_1 = j\alpha_4\alpha_1,\ \eta_2 = j\alpha_4\alpha_2,\ \eta_3 = \alpha_4\alpha_3,\ \eta_4 = \alpha_4$

avec

$$\eta_\mu\,\eta_\nu + \eta_\nu\,\eta_\mu = 2\delta_{\mu\nu}\boxed{1}$$

Puisque la fusion est égale à 1^*, les combinatoires de Van Neumann sont des « explorateurs » destinés, en combinaison rotatoire, de développer 16 matrices de base.

Le traitement tensoriel de la Fusion électromagnétique $\dot{n} = 1$

Les matrices de Van Neumann vont constituer la base des combinatoires matricielles. Posons :

$$\partial_k = \frac{\partial}{\partial x_k} \text{ (k = 1, 2, 3, 4).}$$

Le groupe I s'écrit alors :

$$\sum_1^4 \partial_k \sum_1^4 \ell_m (\eta_k)_{\mu\ell} \delta_{jm} \widetilde{\Psi}_{\mu m} + K\widetilde{\Psi}_{\mu j} = 0 \qquad (110)$$

$$\sum_1^4 \partial_k \sum_1^4 \ell_m (\eta_k)_{jm} \delta_{\mu\ell} \widetilde{\Psi}_{\mu m} + K\widetilde{\Psi}_{\mu j} = 0 \qquad (111)$$

En remarquant que les 16 composantes $\widetilde{\Psi}_{\mu m}$ de l'onde $\widetilde{\Psi}$ sont des éléments d'une matrice (4×4), on peut écrire successivement (108) et (109) comme suit :

$$\left.\begin{aligned} \sum_1^4 \partial_k \eta_k \widetilde{\Psi} + K\widetilde{\Psi} = 0 \\ \sum_1^4 \partial_k \widetilde{\Psi} \eta_k + K\widetilde{\Psi} = 0 \end{aligned}\right\} \qquad (112)$$

Appelons A une matrice (4×4). En multipliant ces deux équations à gauche par A, on obtient :

$$\left.\begin{aligned} \sum_1^4 {}_k \partial_k \eta_k \widetilde{\Psi} A + K\widetilde{\Psi} A = 0 \\ \sum_1^4 {}_k \partial_k \widetilde{\Psi} \eta_k A + K\widetilde{\Psi} A = 0 \end{aligned}\right\} \qquad (113)$$

Si A commute avec η_1 et si η_3 est non commutatif avec η_2 et η_4, (113) s'écrit :

$$\left.\begin{aligned}\sum_{1}^{4}{}_k\partial_k\eta_k\widetilde{\Psi}A+K\widetilde{\Psi}A=0\\ \sum_{1}^{4}{}_k\partial_k\widetilde{\Psi}A\eta_k-K\widetilde{\Psi}A=0\end{aligned}\right\}\qquad(114)$$

Posons maintenant :

$$A=j\eta_2\eta_4\left(A^2=1\right),$$

de sorte que :

$$1=\eta_0,\eta_1,\eta_2,\eta_3,\eta_4\ ;\ j\eta_1\eta_2=\eta_{12}\ ;\ \ldots\ ;\ \eta_1\eta_2\eta_3\eta_4=\eta_{1234}$$

(combinaison rotatoire). Chacune de ces matrices au carré est égale à 1, donc leur trace est nulle sauf pour $\eta_0=1$ (tr = 4). Il est alors approprié de sommer les matrices évoquées de la manière suivante :

$$\widetilde{\Psi}A=\eta_0\rho_0+\eta_1\rho_1+\eta_2\rho_2+\ldots+j\eta_1\eta_2\rho_{12}+\ldots+j\eta_1\eta_2\eta_3\rho_{123}+\ldots+j\eta_1\eta_2\eta_3\eta_4\rho_{1234}=\sum_{1}^{16}\rho_a(\eta_a)$$

soit la fonction d'onde totale :

$$\boxed{\left(\widetilde{\Psi}A\right)_{\mu\nu}\sum_{1}^{16}\rho_a\left(\eta_a\right)_{\mu\nu}}\qquad(115)$$

D'après le développement ci-dessus, il est possible de prévoir que :

ρ_0 est un invariant ;

$\rho_1\rho_2\rho_3\rho_4$ les composantes d'un quadrivecteur d'espace-temps ;

$\rho_{12},\rho_{23},\rho_{31},\rho_{14},\rho_{24},\rho_{34}$ les six composantes rotatoires d'un tenseur antisymétrique de rang 2 ;

$\rho_{234}, \rho_{341}, \rho_{412}, \rho_{123}$ les quatre composantes rotatoires distinctes d'un tenseur antisymétrique de rang 3 (donc un quadrivecteur) ;
ρ_{1234}, unique composante distincte d'un tenseur totalement antisymétrique de rang 4, de ce fait pratiquement invariant.
En substituant (115) dans (114), il vient ainsi :

$$\begin{aligned} &\sum_a \left[\sum_1^4 {}_{i}\partial_i \eta_i \eta_a \rho_a + K\eta_a \rho_a \right] = 0 \\ &\sum_a \left[\sum_1^4 {}_{i}\partial_i \eta_a \eta_i \rho_a - K\eta_a \rho_a \right] = 0 \end{aligned} \qquad (116)$$

Constituons maintenant les développements suivants.

Pour $\widetilde{\Psi}_\mu$, nous avons $\widetilde{\Psi}_\mu A$ égale à la sommation sur 16 matrices de base (μ) et pour $\widetilde{\Psi}_\nu$, nous avons $\widetilde{\Psi}_\nu A$ la même sommation (ν), soit 32 matrices en tout. La combinaison rotatoire est constituée de la manière suivante :

$\eta_0 \rho_0$
1 base
$+\eta_1\rho_1 + \eta_2\rho_2 + \eta_3\rho_3 + \eta_4\rho_4$
4 bases
$+ j\eta_1\eta_2\rho_{12} + j\eta_2\eta_3\rho_{23} + j\eta_3\eta_1\rho_{31} + j\eta_1\eta_4\rho_{14} + j\eta_2\eta_4\rho_{24} + j\eta_3\eta_4\rho_{34}$
6 bases
$+ j\eta_2\eta_3\eta_4\rho_{234} + j\eta_3\eta_4\eta_1\rho_{341} + j\eta_4\eta_1\eta_2\rho_{412} + j\eta_1\eta_2\eta_3\rho_{123}$
4 bases
$+\eta_1\eta_2\eta_3\eta_4\rho_{1234}$
1 base

Nous retrouvons une forme de classification originelle des termes mais après regroupement des termes de la combinaison rotatoire ci–dessus. Le spin étant unitaire, la matrice doit être constituée de dérivées du 1er ordre.

Le tableau matriciel est alors construit comme ci–dessous :

$$\begin{array}{ll}
\partial_i\rho_k - \partial_k\rho_i = K\rho_{ik} = 0 \text{ correspondant à} & : \eta_0\rho_0 + \eta_1\eta_2\eta_3\eta_4\rho_{1234} \; (2\times 2 \text{ bases}) \\
\sum_1^4 {}_i\partial_i\rho_{ik} = K\rho_k = 0 & : + \eta_1\rho_1 + \eta_2\rho_2 + \eta_3\rho_3 + \eta_4\rho_4 \; (2\times 4 \text{ bases}) \\
\partial_i\rho_{k\varphi} + \partial_k\rho_{\varphi k} + \partial_\varphi\rho_{ik} = 0 & : + j\eta_1\eta_2\rho_{12} + j\eta_2\eta_3\rho_{23} + j\eta_3\eta_1\rho_{31} + j\eta_1\eta_4\rho_{14} + j\eta_2\eta_4\rho_{24} \; (2\times 6 \text{ bases}) \\
\sum_1^4 {}_i\partial_i\rho_i = 0 & : + j\eta_2\eta_3\eta_4\rho_{234} + j\eta_3\eta_4\eta_1\rho_{341} + j\eta_4\eta_1\eta_2\rho_{412} + j\eta_1\eta_2\eta_3\rho_{123} \; (2\times 4 \text{ bases})
\end{array} \qquad (117)$$

Je rappelle que $K = \mathcal{C}$ est une courbure hyperspatiale (en m^{-2}).

J'ai décrit ailleurs comment, en utilisant le groupe de symétrie spatiale de Lie (SO(3) ; SU(2), on décrit à la perfection la Finalité symbolique du Sens universel.

Récrivons, de manière apparente, le tableau matriciel de la Fusion $n = 1$ (photonique) à partir de L135 (voir Lexique II – site) décrit par (117) :

$$\boxed{\begin{array}{c}
\sum_1^4 {}_i\partial_i\rho_{ik} = K\rho_k \\[2em]
\partial_i\rho_k - \partial_k\rho_i = K\rho_{ik} \\[2em]
\partial_i\rho_{k\varphi} + \partial_k\rho_{\varphi k} + \partial_\varphi\rho_{ik} = 0 \\[2em]
\sum_1^4 {}_i\partial_i\rho_i = 0
\end{array}} \qquad (118)$$

En développant les calculs dans le cadre de la fusion unitaire n = 1), on obtient :

$$\left.\begin{aligned}
&\beta_{ox} = \frac{c_0}{2}\mathcal{k}f^{-1}\rho_{23}\ ;\ \beta_{oy} = \frac{c_0}{2}\mathcal{k}f^{-1}\rho_{31}\ ;\ \beta_{oz} = \frac{c_0}{2}\mathcal{k}f^{-1}\rho_{12}\\
&\delta_{ox} = \frac{jc_0}{2}\mathcal{k}f^{-1}\rho_{14}\ ;\quad \delta_{oy} = \frac{c_0}{2}\mathcal{k}f^{-1}\rho_{24}\ ;\quad \delta_{oz} = \frac{jc_0}{2}\mathcal{k}f^{-1}\rho_{34}\\
&\mathfrak{A}_x = \frac{\mathfrak{C}^{-1}}{2}k\rho_1\ ;\ \mathfrak{A}_y = \frac{\mathfrak{C}^{-1}}{2}k\rho_2\ ;\ \mathfrak{A}_z = \frac{\mathfrak{C}^{-1}}{2}k\rho_3\\
&\mathfrak{V} = -\frac{\mathfrak{C}^{-1}}{2}k\rho_4
\end{aligned}\right\}$$

(119)

Le modèle électromagnétique symplectique complet et les équations de Maxwell déduites

Après calcul de ces configurations, le modèle tensoriel (118) fournit le tableau suivant

$$\boxed{\begin{aligned}
&\nabla \bullet \Gamma = -\hbar^{-2}\rho^2 V_0^2 c_0^2 \mathfrak{V}\\
&\nabla \bullet M = 0\\
&\nabla \times \delta_0 = -\frac{1}{c_0^2}\frac{\partial M}{\partial \tilde{t}}\\
&\nabla \times \beta_0 = \frac{1}{c_0^2}\frac{\partial \Gamma}{\partial \tilde{t}} - \hbar^2\rho^2 V_0^2 c_0^2 \mathfrak{A}\\
&\nabla \times \mathfrak{A} = \beta_0\\
&\nabla \bullet \mathfrak{A} = -\frac{1}{c_0^2}\frac{\partial \mathfrak{V}}{\partial \tilde{t}}\\
&\Gamma = -\left(\frac{\partial \mathfrak{A}}{\partial \tilde{t}} + \nabla \mathfrak{V}\right)
\end{aligned}} \qquad (120)$$

A remarquer que : $\nabla.\Gamma = \frac{\rho}{\varepsilon^*}$ où ρ est la charge électrique volumique informative (en s. A. m^{-3});

$$\nabla \times \beta_0 = \frac{1}{c_0^2}\frac{\partial \Gamma}{\partial \tilde{t}} + \frac{j}{c_0^2 \varepsilon^*}$$ où j est la densité de courant en $A.m^{-2}$;

[∇• opérateur divergence], [∇x opérateur rotationnel], [∇ opérateur gradient]

avec :

$$\left.\begin{array}{l} M = H^*, \text{champ magnétique informatif spin 1}; \beta_0 = \mu^* M \\ \Gamma = E^*, \text{champ électrique informatif spin 1}; \quad \delta_0 = \varepsilon^* \Gamma \\ \mathfrak{V} = V^*, \text{potentiel électrique informatif spin 1} \\ \mathfrak{A} = A^*, \text{potentiel magnétique informatif spin 1.} \end{array}\right\} \text{réf. symplectique}$$

Il s'agit d'expressions qui représentent le fondement même de la physique Informative Noétique telle que je le considère. La progression est ainsi géométrique et l'on comprend aisément que l'immense richesse informative issue d'une telle croissance **ne peut qu'engendrer la vie universelle** aboutissant au SENS FINAL que la créature humaine est appelée à incarner selon mes postulats. Le développement même de l'écriture des équations nous montre la présence de la fonction d'onde « fusionnée » au spin 1. Naturellement, poursuivre la théorie ici présentée pour les fusions suivantes aboutirait rapidement à des complications d'écriture bientôt non représentables.

Reconsidérons la représentation de l'écriture (119). Il s'agit d'une représentation électromagnétique **nouménale–symplectique**. Or, dans le cas d'une **représentation fusionnelle** purement ondulatoire, soit pour le référentiel nouménal des bosons, $\Box\ \tilde{\Psi} = 0$, (120) se simplifie de la manière suivante :

$$\boxed{\begin{array}{l} \nabla \bullet \Gamma = 0 \\ \nabla \bullet M = 0 \\ \nabla \times \Gamma = -\mu^* \dfrac{\partial M}{\partial \tilde{t}} \\ \nabla \times M = \varepsilon^* \dfrac{\partial \Gamma}{\partial \tilde{t}} \end{array}} \qquad (121)$$

et l'on retrouve le modèle maxwellien identique au modèle euclidien–phénoménal mais traduite informativement. En fait, nous avons vu que le photon - en soi – est informatif, puisque résultant de la fusion symplectique (2 × ½) ce qui nous ramène à :

$\Gamma = \mathrm{E}i_0^*, \mathrm{M} = \mathrm{H}i_0^*$ (i_0^* opérateur unitaire informatif de transformation phénoménal → symplectique).

Retransformons, maintenant, les grandeurs électromagnétiques physiques (phénoménales) E et H en grandeurs symplectiques. Pour cela, rappelons que je dois poser, si E et H représentent les symboles respectifs des champs électrique et magnétique classiques de spin ½ :

$$\left.\begin{array}{l} \Gamma = \mathrm{E}\,i_0^*,\ \ \mathrm{M} = \mathrm{H}\,i_0^* \\ \varepsilon^* = \varepsilon\, i_0^*,\ \ \mu^* = \mu\, i_0^* \\ \delta = \varepsilon^*\Gamma,\ \ \beta = \mu^*\mathrm{M} \end{array}\right\} \qquad (122)$$

où Γ, M, ε^*, μ^*, δ, β représentent les symboles au spin fusionné 1, i_0^* étant le symbole que j'ai établi dans le tome I de physique noétique, de valeur 1^*. Ce sont mes multiples expériences « subtiles » menées à partir de notre codification esthésiemétrique qui obligent à la codification présente.

En appliquant strictement le modèle, on a obtenu (121) ce qui est ramené à l'écriture classique (phénoménale) de la forme suivante :

$$\nabla \bullet \delta = 0$$
$$\nabla \bullet \beta = 0$$
$$\nabla \times \Gamma = -\frac{\partial \beta}{\partial \tilde{t}} \qquad (123)$$
$$\nabla \times M = \frac{\partial \delta}{\partial \tilde{t}}$$

Du modèle maxwellien au modèle fusionnel Espace←temps

En conformité avec (122), posons les opérateurs de fusion noétiques :

$$f_1^* = \sqrt{\varepsilon^*}, \quad f_2^* = \sqrt{\mu^*}, \quad f^* = f_1^*\, f_2^* = \sqrt{\varepsilon^* \mu^*} \qquad (124)$$

avec $c_0 = f^{*-1}$

Écrivons (121) dans sa formulation phénoménal-symplectique pure, soit :

$$① \ \nabla \bullet E = 0 \qquad ② \ \nabla \bullet H = 0$$
$$③ \ \nabla \times E = -\mu_0 \frac{\partial H}{\partial \tilde{t}} \qquad ④ \ \nabla \times H = \varepsilon \frac{\partial E}{\partial \tilde{t}}$$
$$(125)$$

Multiplions ① et ② par f_1 ③ et ④ par jf_2 et additionnons membre à membre. Il vient :

$$\nabla \times (f_1 E + jf_2 H) = jf\left(f_1 \frac{\partial E}{\partial t} + jf_2 \frac{\partial H}{\partial t} \right) \qquad (126)$$

$$\nabla \bullet (f_1 E + jf_2 H) = 0 \qquad (127)$$

On pose l'opérateur fusionnel :

$$\Phi = f\,*_1\,\mathrm{E} + \mathrm{j}f\,*_2\,\mathrm{H} \qquad (128)$$

puis l'opérateur « espace fusionnel » par :

$$\sigma = \frac{\mathrm{j}\tilde{\mathrm{t}}}{f\,*} \qquad (129).$$

En différentiant (129), on obtient :

$$\mathrm{d}\tilde{\mathrm{t}} = -\mathrm{j}\ f\,*\ \mathrm{d}\,\sigma \qquad (130)$$

Les équations (128) et (126) fournissent le terme

$$\nabla \times \Phi$$

Le deuxième membre de (125) ainsi que (128) fournissent l'expression.

$$-\left(f\,*_1\,\frac{\partial \mathrm{E}}{\partial\sigma} + f\,*_2\,\frac{\partial \mathrm{H}}{\partial\sigma}\right)$$

En fin de compte le modèle fusionnel s'écrit :

$$\boxed{\begin{array}{c}(\nabla \times \Phi) + \dfrac{\partial\Phi}{\partial\sigma} = 0 \\ \nabla \bullet \Phi = 0\end{array}} \qquad (131)$$

Nous constatons que le modèle fusionnel (131) est exclusivement spatial (la dimension de σ est une distance).

La définition de l'espace pseudo euclidien symplectique mathématique Ψ

On obtient un tel espace abstrait « psi » en introduisant la notion « symplectique–psyché » (cf. voir §5 2e partie de

« De l'univers quantique à l'Homme-Univers »). Ce terme allusif ne doit pas tromper : l'espace quantique–symplectique, comme mes développements précédents l'ont suggéré, est « issu » du « Centre–noumène » qu'est le **Nombre d'Or**, Mémoire fusionnelle primordiale et finale de CE QUI EST. Celle–ci EST l'Information de TOUT, donc potentialité créatrice Hors–Temps–Espace : je l'appelle « Psyché », a priori hors connotation anthropomorphique mais a posteriori **totalement noéticanthropique** dans le sens d'une CRÉATION au sens exact de possibilités ignorées encore.

Pour l'heure, posons :

$$P_\Gamma = \frac{\Gamma f_1^*}{\left(\Gamma^2 f_1^{*2} + M^2 f_2^{*2}\right)^{1/2}} = \frac{\Gamma f_1^*}{|\Phi|} \qquad (132)$$

puis :

$$P_M = \frac{M f_2^*}{\left(\Gamma^2 f_1^{*2} + M^2 f_2^{*2}\right)^{1/2}} = \frac{M f_2^*}{|\Phi|} \qquad (133)$$

P_Γ et P_M apparaissent comme des **polarités adimensionnelles** que je nomme respectivement pour la fusion n = 1 :

P_Γ : Polarité électrique informative, Psyché 1

P_M : Polarité magnétique informative, Psyché 1′

Proposons maintenant la définition d'un opérateur complexe, également adimensionnel, réalisant la **fusion** entre les deux polarités informatives, telle que :

$$\psi = \frac{\Phi}{|\Phi|} = \frac{\Gamma f_1^* + jM f_2^*}{\left(\Gamma^2 f_1^{*2} + M^2 f_2^{*2}\right)^{1/2}} = P_\Gamma + jP_M \qquad (134)$$

Je désigne, ainsi la « Psyché universelle » par ψ et j'écris le système modélisant celle-ci, par :

$$\left.\begin{aligned} \nabla \times \psi + \frac{\partial \psi}{\partial \sigma} = 0 \\ \nabla \bullet \psi = 0 \end{aligned}\right\} \qquad (135).$$

Le terme Psyché ne doit pas nous leurrer : il est appliqué ici à la matière encore inerte (fusion n = 1). Nous verrons, par la suite, qu'il doit être étendu pour des fusions informatives $n \geq 2$.

Or, $\frac{\partial \psi}{\partial x}$ et $\frac{\partial \psi}{\partial y}$ n'ont pas d'existences séparées. C'est pourquoi ces deux dérivées doivent « fusionner » en $\frac{\partial \psi}{\partial s}$.

D'où l'écriture complète du modèle, (avec $\sigma = \frac{j\tilde{t}}{f^*}$) :

$$\boxed{\begin{aligned} \nabla \times \psi + \partial_0 \psi = 0 \\ \nabla \bullet \psi = 0 \end{aligned}} \qquad (136)$$

avec $\partial_0 \psi = \frac{\partial \psi}{\partial \sigma}$. L'expression (136) traduit en très peu d'éléments tout l'électromagnétisme de l'Univers, donc également le vivant (en particulier l'aspect symplectique neuronal du cerveau), c'est un résultat fondamental.
Un tel espace peut comporter des signes plus et moins dans ses composantes métriques.

Sixième loi :
Gravité Universelle

Présentation et commentaires

L'exposé « noétique » de ce que j'appelle « cinquième loi ontologique » a été effectué à partir d'une démarche inédite qui est celle de la Fusion électromagnétique équivalente à la Fusion Espace←temps, celle-là initiant par généralisation, celle-ci. La « démarche fusionnelle » se révèle d'une fécondité incomparable car, outre sa « philosophie » généraliste qui me semble indépassable, son élégance conduit à une efficacité sans égale : les quatre célèbres équations de Maxwell ont pu être ramenées, grâce à une démarche tensorielle abstraite quant aux dimensions physiques largement ignorées (car inutiles) à la généralisation souhaitée : les équations de fusion au spin 1 (donc boso-photoniques) ont permis l'expression de quatre tenseurs, chacun correspondant à l'une des équations maxwelliennes après réintroduction des dimensions physiques adéquates, pour, finalement, aboutir à (136), deux équations d'une grande simplicité.

Pour la détermination de la sixième loi ontologique, celle de la gravité universelle, il suffit de partir du tableau tensoriel (118) et d'effectuer la fusion « bosonique-attractive » suivante $\dot{n} = 2$. Pour cette démarche, j'utiliserai quasi intégralement le Lexique III (cf. site cité précédemment). La théorie de la gravitation telle qu'Isaac Newton l'avait établie, en son temps, suite à la révolution copernicienne et des travaux de Johannes Kepler avait pour avantage d'être simple. Quoi de plus simple que la formulation de la force comme produit d'une masse par son accélération (dérivée de la vitesse) : $F = ma$? Dans l'optique de retrouver cette expression, la « démarche fusionnelle » sera beaucoup plus longue. Mais la généralisation exhaustive de cette dernière est au prix d'une grande complexité conceptuelle, donnera en retour, la solution « cardinalice » de l'Esprit, sujet de la Troisième partie.

Rappels élémentaires et succincts des espaces de Riemann et d'Euclide

Tenseur fondamental de Riemann

L'espace de Riemann est un espace à géométrie sphérique de base. L'on prend donc une sphère pour en initier les propriétés. Ainsi, si on désigne la longitude par φ et la colatitude par l'angle θ, (comme c'est l'habitude conventionnelle), la sphère est définie complètement à partir des intervalles angulaires ($0 \leq \theta < \pi$ et $0 \leq \varphi < 2\pi$) avec R pour rayon, par les **coordonnées sphériques** entre deux points P et P′ infiniment voisins et appelées coordonnées **curvilignes** selon la géodésique :

$$PP'^2 = ds^2 = R^2 d\theta^2 + R^2 \sin^2 \theta d\varphi^2 \qquad (137)$$

Les deux paramètres θ et φ (coordonnées de Gauss) décrivent une aire de la sphère, espace à **deux dimensions** qui est l'espace de Riemann. Son élément linéaire est décrit par :

$$ds^2 = g_{\mu\nu} dX^{\mu} dX^{\nu} \qquad (138)$$

Les dX sont les composantes contravariantes du vecteur P P′ par rapport au repère naturel (P, et sa base

e_μ). L'identification entre (137) et (138) s'obtient, en posant :

$$g_{11} = R^2 \ ; \ g_{12} = g_{21} = 0 \ ; \ g_{22} = R^2 \sin^2 \theta .$$

Le terme $g_{\mu\nu}$ avec $\mu, \nu = 1, 2$ sont les composantes du tenseur de Riemann formé par la sphère de surface S. Les géodésiques d'une géométrie riemanniennes sont donc constituées par des courbes et non des droites au sens d'Euclide où les supports d'aires sont des plans. Par exemple, la distance $\overset{\frown}{P\,P'}$ est un arc de cercle : c'est la plus courte distance entre deux points en géométrie **courbe**.

Quadratique fondamentale d'aires pour des fonctions arbitraires

Soit une surface à topologie quelconque ayant pour coordonnées d'aire X^1 et X^2. Soient u, v, w les coordonnées cartésiennes d'un espace quelconque où cette surface est plongée. Ces coordonnées s'écrivent :

$$u = u\left(X^1, X^2\right); \ \ v = v\left(X^1, X^2\right); \ \ w = w\left(X^1, X^2\right) .$$

Posons la géodésique curviligne :

$$ds^2 = \left(\sqrt{E}dX^1 + \sqrt{G}dX^2\right)^2$$

avec $F = \sqrt{EG}$, il vient donc :

$$\boxed{ds^2 = EdX^1dX^1 + 2FdX^1dX^2 + GdX^2dX^2} \qquad (139)$$

où :

$$\left.\begin{array}{l} E=(\partial_1 u)^2+(\partial_1 v)^2+(\partial_1 w)^2\ ; \\ F=\partial_1 u\partial_2 u+\partial_1 v\partial_2 v+\partial_1 w\partial_2 w \\ G=(\partial_2 u)^2+(\partial_2 v)^2+(\partial_2 w)^2 \end{array}\right\} \qquad (140)$$

L'expression (139) s'appelle forme quadratique fondamentale de la topologie considérée.

Variété d'espaces munies d'une métrique riemannienne

Il existe, théoriquement, d'infinies variétés d'espaces munies de la métrique de Riemann. Généralement, une surface quelconque donne la représentation d'une variété bidimensionnelle. Parmi ces variétés, la sphère et le tore sont celles à deux dimensions **fermées** (sans frontière). Tout espace est de Riemann lorsque la variété à laquelle elle est rattachée constitue une métrique. Son expression générale est alors :

$$ds^2 = g_{\mu\nu} dX^{\mu} dX^{\nu},$$

$X^{\mu,\nu}$ étant le système de coordonnées. En physique noétique, j'adopte l'écriture :

$$dS^2 = G_{\mu\nu} dX^{\mu} dX^{\nu}$$

Les coefficients G doivent vérifier :

- la symétrie par $G_{\mu\nu} = G_{\nu\mu}$;
- le déterminant $|G|$ de la matrice $\lfloor G_{\mu\nu} \rfloor$ qui est différent de zéro ;
- les distances définies par les $G_{\mu\nu}$ constituant un invariant quel que soit le système de coordonnées ;

- les coefficients $G_{\mu\nu}(g_{\mu\nu})$ qui doivent être de classe C^2 : leurs dérivées partielles d'ordre 2 existent et sont continues.

La métrique de Riemann est donc caractérisée prioritairement par un **espace de points**, chacun étant repéré par un système à n coordonnées X^i doté d'une métrique quelconque.

Ce qui sépare la métrique euclidienne des métriques riemanniennes noétiques

Fondamentalement, tout espace euclidien admet des bases orthonormées telles que :

$$g_{\mu\nu} = \delta_{\mu\nu} \qquad (141)$$

$\delta_{\mu\nu} = \delta_{ij}$ est le symbole de Kronecker tel que :

$$\delta_{ij} = \delta^{ij} = \delta^{i}_{j} = 1 \text{ pour } i = j$$

et $\quad 0$ pour $i \neq j$

ce qui dénote que tout espace euclidien est un cas particulier de l'espace riemannien. Tout espace euclidien est donc identique à un autre ce qui explique l'unicité de ce dernier, alors qu'une infinité d'espaces riemanniens SONT.

Le « cas particulier » évoqué ci–dessus doit être bien « conçu » conceptuellement au sens où, toute métrique riemannienne, sur la base explicative établie présentement, est d'essence noétique–symplectique mais non phénoménale–physique. Sans doute, cette particularité totalement inconnue n'hypothèque en rien l'usage de la métrique riemannienne en phénoménal sauf que… son « raccordement » à l'euclidien ne se manifeste pas de la même manière. Car l'« espace » euclidien est un espace unique et plat, conformément à ce que chacun de nous éprouve à chaque instant. Il ne peut donc pas être tangent à un espace riemannien au sens que nous en avons, fondement géométrique même de la noétique. D'autant plus que les notions de la symplectique s'y greffent !

Il est cependant intéressant d'évoquer ce cas assorti à sa « tangence pas comme les autres ».

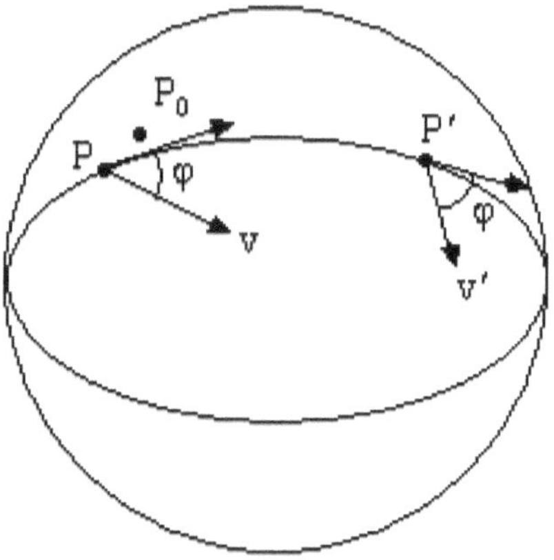

Dans une configuration « extrinsèque » d'un espace de Riemann, considérons une sphère et un cercle équatorial de celle–ci représentée en perspective. Il est souhaitable de considérer une telle représentation pour rendre concrète la notion de géodésique d'un tel espace. Soient deux vecteurs v et v' associés aux deux points respectif P et P' qui leur servent d'origine. Soit l'arc du cercle équatorial où sont représentés P et P'. Si un même angle φ est formé par ces deux vecteurs à partir des deux points respectifs P et P', on montre que v et v' sont **parallèles** sur la sphère : c'est la définition du parallélisme riemannien. Supposons que P se déplace sur le cercle équatorial selon les coordonnées u^{γ} en fonction du temps $\tilde{t}$. La vitesse v de P (qui est le vecteur v) a pour composantes contravariantes :

$$v^{\gamma} = \frac{du^{\gamma}}{d\tilde{t}} \tag{142}$$

et l'accélération :

$$a^{\gamma} = \frac{Dv^{\gamma}}{d\tilde{t}} = \frac{d^2u^{\gamma}}{d\tilde{t}^2} + \Gamma^{\mu}_{\nu,\gamma} \frac{du^{\nu}}{d\tilde{t}} \frac{du^{\mu}}{d\tilde{t}} \tag{143}$$

Les trajectoires riemanniennes ainsi parcourues sont des **géodésiques** (s) (qui sont des droites en euclidien). Soit donc $P(u^{\gamma})$ et soit un vecteur unitaire p quelconque au point P. On montre alors que la géodésique $u^{\gamma} = u^{\gamma}(s)$ est solution du système d'équations :

$p^{\gamma} = \left(\frac{du^{\gamma}}{ds}\right)_{s=0}$, composantes contravariantes du vecteur unitaire p. En posant maintenant :

$y^{\gamma} = sp^{\gamma}$ où s est la distance le long de $\widehat{P_0P}$, les coordonnées y^{γ} sont dites **coordonnées normales** au point P. Ainsi, pour chaque composante p^{γ} donnée, on a :

$$p^{\gamma} = \frac{dy^{\gamma}}{ds} \text{ d'où } \frac{d^2y^{\gamma}}{ds^2} = 0 \tag{144}$$

Les composantes contravariantes du vecteur accélération (144) expriment une accélération a^{γ} constamment nulle. La différentielle absolue Dv^{γ} est donc nulle aussi et sa vitesse est alors constamment équipollente à elle–même. Le « mobile » dont $a^{\gamma} = 0$ décrit ainsi des géodésiques de l'espace de Riemann. Or, l'équipollence de sa vitesse suggère que, rapportée à un plan qui lui serait « tangent–mobile » celui–ci « imprimerait » l'équipollence par une infinité de droites parallèles. Or, toute coordonnée u^{γ} pour la variété riemannienne, variant linéairement avec les géodésiques (s) et fournissant un vecteur unitaire p au point P, cesse la « conduite linéaire » en s'« imprimant » sur un plan euclidien tangent–mobile. En effet, le plan euclidien servant d'osculation fournirait pour tout point M de la tangence :

$$p_E^{\gamma} \neq p^{\gamma}$$

en variant non linéairement avec s. Apparaît alors l'accélération correspondante qui fournit pour la composante p_E^{γ} une valeur **non nulle** telle que :

$$\frac{d^2 Y^{\gamma}}{dt^2} \neq 0, \qquad (145)$$

provoquant un « champ de pesanteur » au sens « grave » du terme : c'est cette propriété qui rend le phénoménal **matérialisé** soumis à entropie croissante lorsque la « matière » passe par la variété symplectique en s'actualisant **totalement** par l'« investiture dorée » du Nombre d'Or. La matière symplectique hamiltonienne (métatropique) devient « grave » en devenant phénoménale (fin du référentiel symplectique), donc visible et appréhensible à nos sens. Donc entropique… donc dégradable. Il en découle la conséquence suivante : **les droites de l'espace euclidien sont généralisées par les géodésiques de la géométrie sphérique de Riemann**. Nous avons donc acquis la démonstration où la géodésique étant la portion d'univers « courbée » par les graves, tout corps d'épreuve « se coule » dans la géodésique sans être soumis à la moindre force : il se déplace **sans contrainte**. Mais la généralisation géodésique riemannienne, en « contact » permanent avec sa « particularité euclidienne » transcrit dans ce plan les trajectoires qui le rendent

tangent au « mobile » dont $a^{\gamma} = 0$. Celles–ci se manifestent alors par une **force**, une quantité de mouvement orientant les trajectoires, une énergie : tout se passe comme si l'annulation accélératrice ($a^{\gamma} = 0$) imposait à l'« instant planéifié » par la tangence euclidienne le changement référentiel, rendant le « grave » pesant, annihilant la courbure d'espace et « euclidisant » l'espace–temps en déploiement phénoménal que nos sens re–connaissent.

Cette vision des choses, remarquablement démonstrative d'un point de vue de la géométrie, simple et exacte, n'est cependant pas complète, ontologiquement parlant. C'est ce que la physique noétique va nous apprendre, se permettant d'insister sur le caractère incomplet des explications de la relativité générale. Il y manque la notion de **symplecticité**.

La Fusion de l'Espace←temps par traitement tensoriel électromagnétique

Le modèle principal tensoriel de préfusion $\dot{n} = 2$

J'avais arrêté l'investigation fusionnelle à $n = 1$, dans l'approche de la Fusion électromagnétique. Il convient, maintenant, de l'emmener vers le **tenseur nouménal**.
L'on conçoit, après un aperçu « en survol » de la modélisation en préfusion d'ordre $n = 1$ de l'électromagnétisme noétique, avec $16 \times 2 = 32$ bases matricielles, ce que signifierait une analyse pour $\dot{n} = 2$, soit $2 \times 16^2 = 512$ bases matricielles à partir des thèmes utilisés pour $\dot{n} = 1$: ce serait irréalisable. Il est donc nécessaire de « prendre appui » sur $\dot{n} = 1$ en considérant les « bases $\dot{n} = 1$ » comme des « structures »–en–soi.

Pour cela nous remplaçons le symbole tensoriel $\rho(\dot{n} = 1)$ par $\Omega(\dot{n} = 2)$. Les indices i et k doivent se dédoubler en (par exemple) ν μ, μ γ et (μ ν) (γ). L'indice kφ en (γε)ν, φk en (γε)μ et ik en (μν) (γε). Mais, naturellement, le traitement, ici, pour $\dot{n} = 2$, ne se satisfait pas de ces seules transformations. Nous voyons, ainsi, sur le seul fait de la répartition des indices, que nous avons besoin, dans les équations, de trois rangs : 2, 3 et 4 :

- 1 tenseur de rang 2 : $\Omega^{(2)}_{\mu\nu}$, symétrique sur μ et ν pour chacune des 3 coordonnées, générant donc 3 × 2 = 6 composantes distinctes non nulles (probable commutativité) ;
- 1 tenseur antisymétrique de rang 3 sur deux indices $\Omega^{(2)}_{(\mu\nu)\gamma}$ comportant 3 × 1 = 3 vecteurs $V^{(1)}$ et $V^{(2)}$ comportant 3 composantes coordonnées chacun ;
- 1 tenseur antisymétrique de rang 4 en μ, ν, γ, ε avec $\Omega_{(\mu\nu)(\gamma\varepsilon)}$ mais symétrique par la permutation en « blocs » (μν) avec (γε). Il y a donc simultanément non commutativité pour le rang 3 mais non commutativité **et** commutativité pour le rang 4.

Nous allons avoir besoin de 1 groupe (principal, représentant $\dot{n} = 2$) et de trois sous–groupes, dont le premier « répète » le formalisme de (146), donc pour n = 1 (mais non pour $\dot{n} = 1$!) avec la notation tensorielle Ω pour $\dot{n} = 2$, les deux autres étant spécifiquement réservés pour n = 1 et n = 0, respectivement dans le tableau ci–dessus.

Le modèle « principal $\dot{n} = 2$ » est représenté ci–dessous :

$$\begin{array}{|llll|}\hline \partial_\mu \Omega^{(2)}_{(\nu\gamma)} - \partial_\nu \Omega^{(2)}_{(\mu\gamma)} & & - \mathcal{C}\Omega^{(2)}_{(\mu\nu)\gamma} & = 0 \\ \partial^4_\gamma \Omega^{(2)}_{(\gamma\mu)\nu} & & - \mathcal{C}\Omega^{(2)}_{(\mu\nu)} & = 0 \\ \partial_\mu \Omega^{(2)}_{(\gamma\varepsilon)\nu} - \partial_\nu \Omega^{(2)}_{(\gamma\varepsilon)\mu} & & - \mathcal{C}\Omega^{(2)}_{(\mu\nu)(\gamma\varepsilon)} & = 0 \\ \partial^4_\gamma \Omega^{(2)}_{(\gamma\varepsilon)(\mu\nu)} & & - \mathcal{C}\Omega^{(2)}_{(\mu\nu)\gamma} & = 0 \\ \hline \end{array} \qquad (146)$$

Le symbole $\mathcal{C} = E'^{-1}_q k^2$ a été remplacé par $\mathcal{C} = \frac{3}{8}\frac{k^2}{\mu_e c_0^2}$, approprié à la fusion 2.

Dans la deuxième équation de (146) on peut écrire :

$\mathcal{C}^{(2)}\Omega_{\mu\nu} = \mathcal{C}\Omega^{(2)}_{\mu\nu}$ (symétrie). Dans la 3e équation, il y a antisymétrie de rang 4 par $\mathcal{C}\Omega^{(2)}_{(\mu\nu)(\gamma\varepsilon)}$ mais commutativité par :

$$\mathcal{C}\Omega^{(2)}_{(\mu\nu)(\gamma\varepsilon)} = \mathcal{C}\Omega^{(2)}_{(\gamma\varepsilon)(\mu\nu)},$$

renforçant l'appartenance nouménale.

Premier sous–groupe du modèle (146)

Nous avons vu vers la fin du paragraphe précédent comment une fusion informative entre submicro–univers répartit les Informations selon le niveau de fusion. Ainsi, pour $\dot{n} = 2$: 5 informations noétiques $p_i^{(\dot{n})} = 1$, pour $n = 1$, 3 informations noétiques identiques de valeur $p_i^{(\dot{n}-1)} = 3$ correspondant à l'information–photon (spin 1, donc électromagnétique) puis, pour $n = 0$, $p_i^{(\dot{n}-2)} = 2$: une seule Information correspondant à la fusion nulle. La valeur $n = 1$ est donc le « pivot » informatif.

spin 0 ⟶ spin 1 ⟵ fusion n = 2
(photon)

Le groupe (147) relevant de $\dot{n} = 2$ comporte, ainsi, un **premier sous–groupe** d'équations $\dot{n} = 2$ mais concernant le spin 1. Privilégiant à nouveau $\mathcal{C}$ plutôt que $\mathcal{P}$ je prévois :

- un tenseur antisymétrique de rang 3 (première et quatrième équation avec $\mathcal{C}\,\Omega^{(1)}_{(\mu\nu)\gamma}$) ;
- un tenseur antisymétrique de rang 4 (troisième équation : $\mathcal{C}\,\Omega^{(1)}_{(\mu\nu)(\gamma\varepsilon)}$). D'où le tableau (147)

$$\begin{aligned}
&\partial_\mu \Omega^{(1)}_{\nu\gamma} - \partial^{(1)}_\nu \Omega_{\mu\gamma} - \mathcal{C}\,\Omega^{(1)}_{(\mu\nu)\gamma} &&= 0 \\
&\sum_1^4{}_\gamma \frac{1}{2}\left(\partial_\gamma \Omega^{(1)}_{(\gamma\mu)\nu} - \partial_\gamma \Omega^{(1)}_{(\gamma\nu)\mu}\right) - \mathcal{C}\,\Omega^{(1)}_{(\mu\nu)} &&= 0 \\
&\partial_\mu \Omega^{(1)}_{(\gamma\varepsilon)\nu} - \partial_\nu \Omega^{(1)}_{(\gamma\varepsilon)\mu} - \mathcal{C}\,\Omega^{(1)}_{(\mu\nu)(\gamma\varepsilon)} &&= 0 \\
&\partial^4_\gamma \Omega^{(1)}_{(\gamma\varepsilon)(\mu\nu)} - \mathcal{C}\,\Omega^{(1)}_{(\mu\nu)\gamma} &&= 0
\end{aligned} \qquad (147)$$

Deuxième sous–groupe du modèle (146)

Il nous faut encore deux autres sous–groupes : un deuxième pour $n = 1$, un troisième pour $n = 0$. Notons par $\omega^{(1)}$ le deuxième sous–groupe $n = 1$ pour lequel, il nous faut la répartition :

- un vecteur $\omega^{(1)}_{\mu}$;
- un tenseur antisymétrique de rang (2) : $\omega^{(1)}_{(\mu\nu)}$;
- un tenseur général de rang (2) : $\omega^{(1)}_{\mu\nu}$;
- un tenseur de rang (3), antisymétrique sur les deux indices $(\mu\nu)\gamma$

D'où le modèle (148) :

$$
\begin{aligned}
&\partial_{\mu}\omega^{(1)}_{\nu} - \partial_{\nu}\omega^{(1)}_{\mu} - \mathcal{C}\omega^{(1)}_{\mu\nu} = 0 \\
&\partial^{4}_{\gamma}\omega^{(1)}_{(\gamma\nu)} - \mathcal{C}\omega^{(1)}_{\nu} = 0 \\
&\partial_{\mu}\omega^{(1)}_{\nu} - \mathcal{C}\omega^{(1)}_{\mu\nu} = 0 \\
&\partial_{\gamma}\omega^{(1)}_{\mu\nu} - \mathcal{C}\omega^{(1)}_{(\mu\nu)\gamma} = 0
\end{aligned}
\qquad (148)
$$

Troisième sous–groupe

Le modèle (149) pour $n = 0$ doit correspondre à :

- un invariant $\Delta^{(0)}$;
- un vecteur $\Delta^{(0)}_{\mu}$;
- un tenseur symétrique $\Delta^{(0)}_{\mu\nu}$

Ce troisième sous–groupe est alors de la forme suivante avec le symbole Δ :

$$\partial_{\mu}\Delta_{\nu}^{(0)} - \mathcal{C}\Delta_{(\mu\nu)}^{(0)} - \partial\Delta_{\nu}^{(0)} = 0$$

$$\partial_{\mu}^{4}\Delta_{\mu}^{(0)} - \mathcal{C}\Delta^{(0)} \qquad = 0 \qquad (149)$$

$$\partial_{\mu}\Delta^{(0)} - \mathcal{C}\Delta_{\mu}^{(0)} \qquad = 0$$

Classification opérationnelle par rapport aux états de fusion pour $\dot{n} = 2$ total : rappels et approfondissements

Avant d'aller plus loin, il semble utile de conceptualiser ce qui a précédé jusqu'à maintenant à propos de la préfusion espace–temps des submicro–univers informatifs rattachés aux électrons concernés avec des éléments théoriques généraux. Les grandeurs tensorielles résultant des préfusions entre les submicro–univers sont le résultat d'opérateurs de trois catégories :

* **opérateur** $\mathcal{A}$ linéaire et hermitien de la physique des champs de rayonnement (ondulatoires) électromagnétiques noétiques agissant sur les indices des fonctions d'onde $\widetilde{\Psi}_k$ de sorte que l'on ait :

$$\mathcal{A}\varphi_k = \alpha\varphi_k \ (k = 1, 2, 3, 4) \qquad (150)$$

φ_k est une fonction propre à quatre composantes orthogonales. Les grandeurs $\mathcal{A}_{x_i}$, soit : $\{x_1 \ldots x_3\}$ $\mathcal{A}_{x_1}$, $\mathcal{A}_{x_2}$, $\mathcal{A}_{x_3}$ sont alors des tenseurs non nuls.

* **opérateur** Invariant I_2 lequel, comme son nom l'indique, opère sur la conjugaison des fonctions d'onde

$\widetilde{\Psi}^*$ et $\widetilde{\Psi}$ par « supervision » des indices $\alpha_{i,j}$ (i,j de 1 à 4). Si bien que :

$$I_2 = \widetilde{\Psi}^* \alpha_1 \alpha_2 \alpha_3 \alpha_4 \widetilde{\Psi} \qquad (151)$$

* deux quadrivecteurs $V^{(1)}$ et $V^{(2)}$ noétiques respectivement en « fusion » 1 et 2. L'analyse combinatoire entre les $\mathcal{a}$, les V et les I_2 doit s'exprimer de la manière suivante par :

* deux produits tensoriels par la fusion combinatoire de deux submicro–univers (1) et (2) [resp. préfusions 1 et 2] répertoriés comme suit :

$\mathcal{a}^{(1)}_{x_1} \ldots \mathcal{a}^{(1)}_{x_3}$ [préfusion avec] $I_2^{(1)}$ et :

$\mathcal{a}^{(2)}_{x_1} \ldots \mathcal{a}^{(2)}_{x_3}$ [préfusion avec] $I_2^{(2)}$

* d'où la combinatoire suivante pour la préfusion d'ordre 2 :

produit tensoriel $\mathcal{a}^{(1)} \otimes \mathcal{a}^{(2)}$: tenseur espace–temps de rang 2 ;

produit vectoriel $\mathcal{a}^{(1)} \times I_2^{(2)}$: quadrivecteur $V^{(1)}$

produit vectoriel $I_2^{(1)} \times \mathcal{a}^{(2)}$: quadrivecteur $V^{(2)}$

produit vectoriel $I_2^{(1)} \times I_2^{(2)}$: invariant I.

Le deuxième rang se décompose en deux tenseurs nouménaux noétiques :

$$\mathcal{a}^{(s)}_{ij} = \frac{\mathcal{a}_{ij} + \mathcal{a}_{ji}}{2} \qquad \text{(symétrique) et}$$

$$a^{(a)}_{ij} = \frac{a_{ij} - a_{ji}}{2} \quad \text{(asymétrique).}$$

La combinatoire ci–dessus doit donner le bilan résultant de la préfusion de 4 submicro–univers que l'on écrit (décomposition de Clebsch–Jordan) :

$$\mathcal{S}^{(8)} = \prod_{1}^{4} (\mathcal{S}^{(½)}) = \mathcal{S}^{(2)} \oplus 3\,\mathcal{S}^{(1)} \oplus 2\,\mathcal{S}^{(0)} \qquad (152)$$

Les ordres de préfusion des submicro–univers (0, 1, 2) sont bien respectés dans la décomposition selon le produit tensoriel de quatre submicro–univers (½) soit :

$$\mathcal{S}^{(8)} = \mathcal{S}^{(½)} \otimes \mathcal{S}^{(½)} \otimes \mathcal{S}^{(½)} \otimes \mathcal{S}^{(½)} \qquad (153)$$

La somme tensorielle $3\,\mathcal{S}^{(1)} \oplus 2\,\mathcal{S}^{(0)}$ dans (152) donne 5 composantes.
Le terme $3\,\mathcal{S}^{(1)}$ de celle–ci donne évidemment 3 coordonnées qui sont les suivantes :

$$3\,(V^{(1)}) + 3\,(V^{(2)}) = (3 \times (1)) + (3 \times (2)) = 9 \text{ valeurs}.$$

Le terme $2\,\mathcal{S}^{(0)}$ donne 1 fois la valeur 2 pour la préfusion zéro selon :

1 I (invariant–préfusion nulle) = 1 valeur 2

Le terme $\mathcal{S}^{(2)} = \mathcal{S}^{(8)} - \left(3\mathcal{S}^{(1)} \otimes 2\mathcal{S}^{(0)}\right)$ s'écrit alors avec :

$$\mathcal{S}^{(8)} = \mathcal{S}^{(8/4)} = 4^2 = 16 \ :$$

$\mathcal{S}^{(2)} = 16 - (9 + 2) = 5$ fois la valeur unitaire $p_i^{(\dot{n})} = 1^*$, ce qui permet de construire le tableau de classification opérationnelle pour $\dot{n} = 2$.

$\dot{n}$ \ q	-2	-1	0	+1	+2	
2	1	1	1	1	1	5
1		3	3	3		9
0			2			2
	1	4	6	4	1	$16 = 2^4$

Classification tensorielle des états de fusion $\dot{n} = 2, \dot{n} = 1, n = 0$

L'écriture tensorielle des quatre premiers tableaux s'explique par l'étude théorique de classification opérée ci–dessus.

Pour ceux–ci 3 rangs indiciels sont nécessaires :

- **1 tenseur symétrique** $\mathcal{A}^{(s)}_{\mu\nu}$ **de rang** 2 : $\Omega^{(2)}_{\mu\nu}$ symétrique par μ et ν pour chacune des 3 coordonnées : 2e équation, (146) ; $\omega^{(1)}_{\mu\nu}$: 2e équation (147) ; $\omega^{(1)}_{\mu\nu}$: 1ère équation (148) : 3e équation (148) ;4e équation (148) ; $\Delta^{(0)}_{\mu\nu}$: 1ère équation (149), soit $2+1+1+1=5$ composantes ;
- **1 tenseur antisymétrique** $\mathcal{A}^{(a)}_{(ij)k}$ **de rang 3** sur les deux indices $(\mu\nu)\gamma$ comportant $3 \times 1 = 3$ vecteurs $V^{(1)}$ et $V^{(2)}$ que l'on trouve : en : $\Omega^{(2)}_{(\mu\nu)\gamma}$; 1ère et 4e équation de (147) : $\Omega^{(1)}_{(\mu\nu)\gamma}$; avec : $\omega^{(1)}_{(\mu\nu)\gamma}$ soit $4+2+1=7$ composantes effectives.

- **1 tenseur antisymétrique de rang 4** $\mathcal{a}_{(ij)(k\ell)}$ en μ, ν, γ, ε avec $(\mu\nu)(\gamma\varepsilon)$ mais symétrique de rang 4 $\mathcal{a}_{(k\ell)(ij)}$, par permutation selon $(\gamma\varepsilon)(\mu\nu)$ fournissant en (146) les 3e et 4e équation (resp : $\Omega^{(2)}_{(\mu\nu)(\gamma\varepsilon)}$ puis $\Omega^{(2)}_{(\gamma\varepsilon)(\mu\nu)}$) et en (147) : $\Omega^{(1)}_{(\mu\nu)(\gamma\varepsilon)}$ puis $\Omega^{(1)}_{(\gamma\varepsilon)(\mu\nu)}$ également pour les 3e et 4e équation ; d'où 4 composantes en tout. Au total, nous avons bien $5+7+4=16$ composantes nécessaires justifiant les $16\times16=256$ équations évolutives en tout.

L'association des indices des quatre modèles (4) à (149) modifie quelque peu le décompte dans la répartition des composantes pour les tableaux tensoriels ; mais, en fin de compte, le compte total est correct.

Classification état $\dot{n}=2$ total

Le modèle (149) correspond à l'une des réalisations de l'état $n=0$. Les modèles (149) et (147) correspondent aux trois réalisations de l'état de préfusion photonique $n=1$. De ce fait, le modèle (146) contient l'état de fusion total $n=2$. Les 16 constantes effectives caractérisant la préfusion $n=2$ (attracteur noétique, comme cela apparaîtra par la suite) comportent 9 composantes $n=1$ prévues par

$\left[3\left(V^{(1)}\right)+3\left(V^{(2)}\right)\right]=(3\times1)+(3\times2)$: la transmission noétique informative de nature attractrice noétique par rayonnement électromagnétique du référentiel nouménal est donc à efficacité majoritaire : 9 composantes sur 10 au total pour la préfusion électronique $\rightarrow$ photonique. Réparties sur les cinq registres de l'hélicité $\pm2\mathcal{e}_{\hbar}^{-1}\mathcal{k}^{2}f_{0}^{-1}$, les cinq grandeurs $n=2$ sont toutes orientées dans la stricte spécificité dévolue à $n=2:p_{i}^{(\dot{n})}=1$. Au total, $16^{2}=2^{8}=256$ orientations sont toutes potentiellement

informatives, mais seulement 5 sont informatives au sens symplectique si bien que dans 2^8, l'état $n = 2$ est représenté, en fait par $8 \times 5 = 40$ grandeurs tensorielles non nulles. Ces 40 grandeurs sont ainsi représentées par les 5 constantes de la ligne $(i = 0, \dot{n} = 2)$, si bien que $40 - 5 = 35$ grandeurs totalement indépendantes fournissent, chacune, une information propre. Ce sont ces **35 informations** opérationnelles exprimées par les **5 constantes** $p_i^{(\dot{n})} = 1$ qui « gouvernent » l'onde plane électromagnétique symplectique–photon cohérente, laquelle est représentée physiquement par le rayonnement classique–photon phénoménal $(n = 1)$ et exprimant bien la « présence » symplectique–Nombre d'Or.
A partir du modèle (146), posons, par association indiciaire (rangs 3 et 4) :

$$\left.\begin{aligned} \Omega^{(2)}_{(\mu\nu)\gamma} + \Omega^{(2)}_{(\gamma\mu)\nu} + \Omega^{(2)}_{(\nu\gamma)\mu} &= 0 \\ \Omega^{(2)}_{(\mu\nu)(\gamma\varepsilon)} + \Omega^{(2)}_{(\mu\varepsilon)(\nu\gamma)} + \Omega^{(2)}_{(\mu\gamma)(\varepsilon\nu)} &= 0 \end{aligned}\right\} \qquad (154)$$

Les transformations associatives des indices du tenseur Ω sont rendues possibles par (150), si bien que les associations manquantes en (1) respectivement des rangs 3 et 4 doivent être associativement annulées avec celles qui sont présentes en (151).

Classification état $\dot{n} = 2$ pour la ligne $[i = 1; n = 1]$: préfusion par tenseur antisymétrique $\boldsymbol{\Omega}^{(1)}_{(\mu\nu)}$

Cette classification indiciaire concerne le modèle (147). La ligne $(i = 0, \dot{n} = 2)$ de la préfusion $\dot{n} = 2$ a révélé les 40 composantes informatives des cinq grandeurs informatives **totales** (puisque « régentées » chacune par le symbole de la préfusion **unitaire** $p_{(i)}^{(\dot{n})}=1^*$). Ces 40 grandeurs non nulles organisent l'état pour la ligne $p_{(i-1)}^{(n)}=3$. Elles satisfont au modèle (147) de préfusion photonique $n=1$. Comme prévu lors de l'analyse précédente par la classification tensorielle pour $n=1$, c'est un tenseur antisymétrique $\mathcal{a}_{(ij)k}^{(a)}$ de rang 3 sur les deux indices $(ij)=(\mu\nu)$ comportant $3\times 1=3$ vecteurs $V^{(1)}$ qui va organiser la répartition.

La deuxième équation du modèle (147) soit :

$$\partial_\gamma^4 \Omega_{(\gamma\mu)\nu}^{(1)} - \mathcal{C}\,\Omega_{(\mu\nu)}^{(1)} = 0,$$

organise celle–ci par l'antisymétrie de $\Omega_{(\mu\nu)}$ en modifiant le 1er terme par :

$$\partial_\nu^4 \Omega_{(\nu\mu)\gamma}^{(1)} = 0 \qquad (155)$$

ainsi que le 1er terme de la 4ième équation par :

$$\partial_\nu^4 \Omega_{(\mu\nu)(\gamma\nu)}^{(1)} = 0 \qquad (156)$$

Soit (155), soit (156) comporte, par sommation, 4 grandeurs indépendantes, plus, à nouveau par (153) et (156) : $3[(\nu\mu)\gamma]+3[(\mu\nu)\gamma]$ (ν étant répété dans (156) n'est pas pris en compte) égale 6 grandeurs, soit 10 grandeurs en tout. Il reste alors : $40-10=30$ grandeurs auxquelles s'ajoutent les 5 grandeurs de $\dot{n}=2$, soit 35 grandeurs indépendantes pour la classification par antisymétrie de $\Omega_{(\mu\nu)}^{(1)}$.

Classification $n=2$ pour la ligne $n=1$: préfusion par quadrivecteur $\boldsymbol{\omega}_{\mu}^{(1)}$

Il s'agit, ici, du modèle (sous–groupe) (148) pour $n=1$ soit, rappelons–le :

$$\left.\begin{aligned}
&\partial_{\mu}\omega_{\nu}^{(1)}-\partial_{\nu}\omega_{\mu}^{(1)}-\mathcal{C}\omega_{\mu\nu}^{(1)}=0\\
&\partial_{\gamma}^{4}\omega_{(\gamma\nu)}^{(1)}-\mathcal{C}\omega_{\nu}^{(1)}\qquad\;\;=0\\
&\partial_{\mu}\omega_{\nu}^{(1)}-\mathcal{C}\omega_{\mu\nu}^{(1)}\qquad\;\;=0\\
&\partial_{\gamma}\omega_{\mu\nu}^{(1)}-\mathcal{C}\omega_{(\mu\nu)\gamma}^{(1)}\qquad=0
\end{aligned}\right\}$$

Il résulte de la classification pour la ligne $n=1$ relativement au quadrivecteur $\omega_{\mu}^{(1)}\left[V^{(1)}\text{ et }V^{(2)}\right]$:

* la combinatoire $\omega_{\mu}^{(1)}$ en présence des deux autres indices ν et γ soit :

$$\omega_{(\mu\nu)\gamma}^{(1)}+\omega_{(\nu\gamma)\mu}^{(1)}+\omega_{(\gamma\mu)\nu}^{(1)}=0\quad(3\times2=6\text{ grandeurs sur indices});$$

$$\left.\begin{aligned}
&\sum_{1}^{4}{}_{\mu}\omega_{(\mu\mu)}^{(1)}=0\\
&\sum_{1}^{4}{}_{\gamma}\omega_{(\nu\gamma)\gamma}^{(1)}+\omega_{\nu}^{(1)}=0
\end{aligned}\right\}\begin{pmatrix}4\times2=8\text{ grandeurs résultant de}\\ \text{la sommation de 1 à 4}\end{pmatrix};$$

$$\omega_{\mu\nu}^{(1)}-\omega_{\nu\mu}^{(1)}-\omega_{(\gamma\mu)}^{(1)}=0\quad\begin{pmatrix}\text{1 grandeur pour le dernier terme}\\ \text{indicé avec }\gamma\neq\nu\end{pmatrix}$$

Au total, cette classification génère $6+8+1=15$ grandeurs par élément quadrivectoriel. Puisqu'il y a deux éléments ($V^{(1)}$ et $V^{(2)}$), il y a génération de 30 relations qui doivent être répétées 3 fois par la préfusion d'ordre 1 de $V^{(1)}$ et la préfusion d'ordre 2 de $V^{(2)}:(2+1)\times 30=90$ grandeurs auxquelles il faut ajouter les 15 grandeurs ci–dessus, d'où : $90+15=105$ grandeurs opérationnelles exprimées par les 9 constantes de la ligne $n=1$.

Classification $\dot{n}=2$ pour la ligne $n=0$

Nous allons clore les états de répartition des grandeurs informatives des submicro–univers en préfusion $4\times\pm½\hbar$ $2\times\pm 1\hbar$ (ou, plus exactement : $4\times\pm½\mathcal{e}_{\hbar}^{-1}k^{2}f_{0}^{-1}$ ou $2\times\pm½\mathcal{e}_{\hbar}^{-1}k^{2}f_{0}^{-1}$ avec $n=0$. Il s'agit du modèle (149) que je reproduis ci–dessous :

$$\begin{aligned}
&\partial_{\mu}\Delta_{\nu}^{(0)}-\partial_{\nu}\Delta_{\nu}^{(0)}-\mathcal{C}\Delta_{(\mu\nu)}=0\\
&\partial_{\mu}^{4}\Delta_{\mu}^{(0)}\qquad\qquad-\mathcal{C}\Delta^{(0)}=0\\
&\partial_{\mu}\Delta^{(0)}\qquad\qquad-\mathcal{C}\Delta_{\mu}^{(0)}=0
\end{aligned}$$

La ligne informative nulle est particulière au sens où ses dimensions s'annulent lorsque une dimension « réfléchie » sur elle–même annule la courbure spatiale, ce qui est le cas de configuration suivant.

Comme pour le modèle $n=1$, la combinatoire $\Delta_{\mu}^{(0)}$ en « présence » des deux indices ν et γ (dont γ est absent), ne peut que se « réfléchir » sur elle–même dans la sommation de la deuxième équation, si bien que $\partial_{\mu}^{4}\Delta_{\mu}^{(0)}$ devient :

$$\partial_{\mu}^{4}\Delta_{\mu\mu}^{(0)}$$

laquelle s'égale à $\Delta^{(0)}$ (2e équation), d'où :

$$\sum_{1}^{4} {}_{\mu}\Delta_{\mu\mu}^{(0)} = \Delta^{(0)} \qquad (157)$$

Comme dans le cas $n = 1$ précédent, nous avons alors l'équation précédente, laquelle génère $4 \times 2 = 8$ grandeurs $(\mu\mu)$ résultant de la sommation de 1 à 4, plus $3 \times 2 = 6$ grandeurs provenant de :

$$\Delta_{(\mu\mu)\nu}^{(0)} + \Delta_{(\nu\mu)\mu}^{(0)} + \Delta_{(\mu\mu)\mu}^{(0)} = 0,$$

soit : $8 + 6 = 14$ grandeurs configurées par (157).

Enfin, l'information la plus élevée $(\dot{n} = 2)$ et l'information nulle $(n = 0)$ sont liées par la seule réalisation possible indiquée par (157) soit :

$$\sum_{1}^{4} {}_{\mu}\Omega_{\mu\mu}^{(0)} = \Omega^{(0)} \qquad (158)$$

ce qui donne encore $8 + 6 = 14$ grandeurs, soit pour la ligne $n = 0$ en totalité :

$14 + 14 =$ **28 grandeurs**

Classification informative totale de la préfusion $\dot{n} = 2$

Hélicité / Etats de préfusion	−2	−1	0	1	2	Grandeurs opérationnelles	Constantes dans l'onde plane symplectique
$\dot{n} = 2$	1^{*}	1^{*}	1^{*}	1^{*}	1^{*}	35	5
$n = 1$		3	3	3		105	9
$n = 0$			2			28	2
Total	1	4	6	4	1	168	$\sqrt{256} = 16$

Cent soixante huit grandeurs opérationnelles (pour la préfusion noétique $\dot{n} = 2$) sont « gouvernées » par 16 constantes dans le rayonnement électromagnétique symplectique et phénoménal des photons en planéité.

L'efficacité opératoire du rayonnement n'est donc égale qu'à la racine carré de la totalité informative fournie par l'opérateur Potentiel Amplificateur d'Ordre Fusionnel (P. A. O. F.) $16^2 = 256$, tel que l'on doit estimer devoir se produire dans le référentiel nouménal.

Toute classification tensorielle serait susceptible d'être étudiée pour les ordres de préfusion supérieures ($n = 4; 8; 16; ...$) mais ne présenterait aucun intérêt, surtout qu'elle serait impossible à effectuer « manuellement » dès $n = 4$, vu les $256^2 = 65536$ grandeurs totales à traiter. Par contre, nous savons (voir physique noétique, tomes 1 à 6 ainsi « L'Absolu et le Manifesté ») que $n = 16$ est la base conceptuelle de toute la physique noétique, donc présentement de la « Noéticanthropie ». Mais son étude globalisée suffit amplement car résultant de $\sqrt{16^{16}} = 4{,}294967...10^9$ constantes dans l'onde symplectique cohérente.

La nature « grave » (Mutation référentielle symplectique → phénoménale) de la fusion informative $\dot{n}=2$ par l'établissement du tenseur nouménal

Récrivons le modèle initial (146) soit :

$$\partial_\mu \Omega^{(2)}_{(\nu\gamma)} - \partial_\nu \Omega^{(2)}_{(\mu\gamma)} - \sigma\Omega^{(2)}_{(\mu\nu)\gamma} = 0$$

$$\partial^4_\gamma \Omega^{(2)}_{(\gamma\mu)\nu} - \sigma\Omega^{(2)}_{(\mu\nu)} = 0$$

$$\partial_\mu \Omega^{(2)}_{(\gamma\varepsilon)\nu} - \partial_\nu \Omega^{(2)}_{(\gamma\varepsilon)\mu} - \sigma\Omega^{(2)}_{(\mu\nu)(\gamma\varepsilon)} = 0$$

$$\partial^4_\gamma \Omega^{(2)}_{(\gamma\varepsilon)(\mu\nu)} - \sigma\Omega^{(2)}_{(\mu\nu)\gamma} = 0$$

De nombreuses extrapolations d'écriture sont possibles, profitant des propriétés de symétrie et d'antisymétrie des $\mathcal{a}^{(s)}_{ij}$ et $\mathcal{a}^{(a)}_{ij}$ ainsi que des quadrivecteurs antisymétriques. Il n'est pas certain, par contre, que ces extrapolations soient utiles, sauf cas d'espèces qu'il convient d'essayer en vue d'obtenir telle ou telle propriété importante recherchée. C'est bien le cas présentement où la manipulation des sommations des équations (2) et (4) du modèle (146), compte tenu des propriétés d'antisymétrie, donnent, entre autres :

$$\sum_1^4 {}_\mu \sum_1^4 {}_\gamma \Omega^{(2)}_{[(\mu\gamma)(\mu\gamma)]} - \left(\partial^4_\mu \Omega_{(\mu\gamma)\gamma} - \partial^4_\gamma \Omega_{(\mu\gamma)\mu}\right) = 0 \quad (159)$$

D'autre part, (157), soit :

$$\sum_{1}^{4} {}_{\mu}\Delta_{\mu\mu}^{(0)} = \Delta^{(0)},$$

comme nous l'avons vu permet d'écrire (158) :

$$\sum_{1}^{4} {}_{\mu}\Omega_{\mu\mu}^{(0)} = \Omega^{(0)},$$

ce qui, avec les indices γ, devient :

$$\sum_{1}^{4} {}_{\gamma}\Omega_{\gamma\gamma}^{(0)} = \Omega^{(0)} \qquad (160)$$

L'application de (158) à (157) fournit alors pour $n = 0$:

$$\sum_{1}^{4} {}_{\mu}\sum_{1}^{4} {}_{\gamma}\Omega_{[(\mu\gamma)(\mu\gamma)]}^{(0)} = 2\Omega^{(0)} = G_{(\gamma\gamma)}^{4} \qquad (161)$$

Or G_{ij} est le tenseur métrique covariant en référentiel symplectique lequel définit, comme nous le savons :

$$dS^2 = G_{\mu\nu}dx^{\mu}dx^{\nu} \qquad (162)$$

Nous remarquons aussi, dans (158), que, en unifiant les dimensions, (par exemple) μ en γ, la quantité dans les deux dimensions μν, soit :

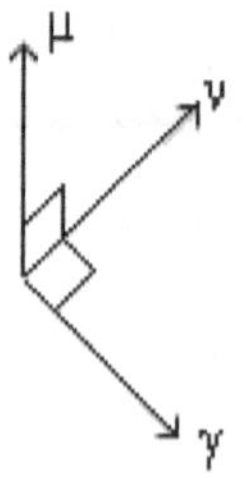

$-\left(\partial_\gamma^4 \Omega_{(\mu\gamma)\nu} - \partial_\gamma^4 \Omega_{(\mu\gamma)\mu}\right)$, fournit la propagation de Poynting (selon γ) :

$$\boxed{-\partial_\gamma^4 \partial_\gamma^4 \Omega_{\mu\nu} = -\mathcal{C}\Omega_{\mu\nu}} \qquad (163)$$

La question fondamentale que nous avons à soulever consiste à accéder à la **nature profonde** de la nature de cette propagation. La formulation par le premier membre montre que $\partial_\gamma^4 \partial_\gamma^4$ a la dimension d'une **courbure**, donc un ordre de fusion $n = 2$, ce qui est conforme mais exclut alors la « limitation$-n = 1$ » sous sa forme électromagnétique stricte.

Dans l'hypothèse submicro–univers dans la théorie générale, nous savons que la géométrie riemannienne qui y est rattachée exprime cette hypothèse par le tenseur de Riemann–Christoffel $\mathcal{R}^{\gamma}_{\mu,\nu\varepsilon}$.

Le tenseur **symétrique** de rang 2 exprimé par (160) soit :

$$\sum_1^4 {}_\gamma\Omega^{(0)}_{\gamma\gamma} = \Omega^{(0)}$$

est l'expression de :

$$\mathcal{R}_{\mu\nu} = \sum_1^4 {}_{\gamma\varepsilon}G^{\gamma\varepsilon}\mathcal{R}^{\gamma}_{\mu,\nu\varepsilon} \qquad (164),$$

lequel tenseur est celle d'une propagation, précisément que l'on sait être habituellement décrite par le dalembertien :

$$-\tilde{\Box}\, G_{\mu\nu} = 2\mathcal{R}_{\mu\nu}$$

soit :

$$\tilde{\Box} G_{\mu\nu} = -2\sum_{1}^{4} {}_{\gamma\varepsilon} G^{\gamma\varepsilon} \mathcal{R}^{\gamma}_{\mu,\nu\varepsilon} \tag{165}$$

avec :

$$\tilde{\Box} = \frac{1}{c_0^2}\frac{\partial^2}{\partial t^2} - \Delta \quad (\Delta = \frac{\partial^2}{\partial r^{*2}}) \text{ ainsi que :}$$

$$G_{\mu\nu} = \Omega^4_{[(\mu\nu)(\nu\gamma)]},$$

soit :

$$G_{\mu\nu} = \Omega_{\mu\nu} + \wp^{-1}\partial_\mu\partial_\nu\Omega^{(0)} \tag{166}$$

avec

$$\Omega^{(0)}_{\mu\nu} = \wp^{-1}\partial_\mu\partial_\nu\Omega^{(0)}$$

Dans ces conditions, on trouve :

$$\partial^4_\mu G_{\mu\nu} \quad = \partial^4_\mu \Omega_{[(\mu\gamma)(\nu\gamma)]}$$

d'où :

$$\partial^4_\mu G_{\mu\nu} \quad = \partial_\nu \Omega^{(0)} \tag{167}$$

D'autre part, (161) soit :

$$G^4_{\gamma\gamma} = 2\Omega^{(0)}$$

permet d'écrire avec (164), (166) et (167)

$$2\partial^4 G_{(\mu\nu)} = 2\partial_\nu \Omega^{(0)}$$

soit :

$$\boxed{\partial^4 G_{(\mu\nu)} = \frac{1}{2}\partial_\nu G^4_{\gamma\gamma}} \qquad (168)$$

Or de l'expression précédente, soit :

$$G_{\mu\nu} = \Omega^4_{[(\mu\gamma)(\nu\gamma)]},$$

découle :

$$\tilde{\square}|G_{(\mu\nu)} = \tilde{\square}|\Omega^4_{[(\mu\gamma)(\nu\gamma)]}$$

soit :

$$\tilde{\square}\, G_{(\mu\nu)} = -\mathcal{G} G_{(\mu\nu)} \qquad (169)$$

Associons, maintenant, (165) à (167). Il vient successivement :

$$\mathcal{R}_{(\mu\nu)} = -\frac{1}{2}\tilde{\square}\, G_{(\mu\nu)} = \frac{1}{2}\mathcal{G} G_{(\mu\nu)}$$

soit :

$$\mathcal{R}_{(\mu\nu)} - \frac{1}{2}\mathcal{G} G_{(\mu\nu)} = 0 \qquad (170)$$

Essayons de bien comprendre ce que le résultat (170) auquel nous sommes parvenus nous signifie : la Fusion Espace–temps noétique symplectique que l'équation hypersphérique riemannienne nous décrit, semble présenter comme une contradiction : dans les deux directions (μ, ν), les courbures aboutissent à un résultat dalembertien $\tilde{\square} = 0$, donc propagation noétique en espace euclidien (plat) donc phénoménal. Il est donc nécessaire d'introduire une constante de courbure (K) dans (170). Ce sera l'objectif du paragraphe suivant.

Les multivers noétiques fusionnels. La constante de courbure multiverselle $\mathfrak{K}$.

Le référentiel phénoménal est euclidien (accéléré), donc « gouverné » par la masse. D'ailleurs, toute masse signifie présence de matière, gazeuse, liquide ou solide en macrophysique. En microphysique, la masse de la molécule est déjà plus délicate à saisir. En submicrophysique référentiel courbe riemannienne non accélérée au sens « grave » (mécanique quantique), la désignation massique perd toute signification physique (que signifie, par exemple, la valeur de la masse μ_e de l'électron ($9{,}109.10^{-31}\,\text{kg}$) ? C'est parce que la « particule –électron » (comme toutes les autre « particules » de la physique quantique) ne peut plus être considérée comme de la « matière » (de quoi cette « matière » serait–elle « faite » ?) que la composante noétique attachée est une obligation, et que la notion de symplecticité est venue compléter judicieusement. Sans doute, les physiciens spécialistes connaissent cette question et utilisent la notion générale de **champ quantique** de préférence à particule. En fait, ce champ quantique devrait être traduit par **champ symplectique**. Il convient ainsi de « franchir » le mur de la lumière « au–delà » duquel la physique pénètre dans un « monde » radicalement différent de celui de l'espace–temps. Le référentiel nouménal étant du **genre espace**, il est normal, voire nécessaire de privilégier la géométrie spatiale – ici riemannienne hypercourbure – ce qui doit être donc introduit ici.

Description générale des coordonnées multivers noétiques

Soit dans $\widetilde{R}^4 = R^{\Psi}$, une configuration définie a priori par :

$$dS^2 = G_{\mu\nu} dX^{\mu} dX^{\nu} \quad (\mu, \nu = 1,2,3,4)$$

Par application de l'opérateur matriciel $[-1]$, cette écriture devient:

$$dS^2 = d\tau^2 \left[\frac{\sum_1^4 \left(dX^k\right)^2}{d\tau^2} - c_0^2 \right] \tag{171}$$

avec la vitesse de phase nouménale–symplectique :

$$v_{\varphi} = \beta c_0 = \frac{\sum_1^4 \left(dX^k\right)}{d\tau} \tag{172}$$

où $\beta^2 \geq 2$ d'où $\beta \geq \sqrt{2}$. La géodésique nouménale–symplectique s'écrit donc :

$$dS^2 = c_0^2 d\tau^2 + \sum_1^4 \left(dX^k\right)^2 \tag{173}$$

avec $dS^2 \geq 0$ soit :

$$\boxed{c_0^2 d\tau^2 \leq \sum_1^4 \left(dX^k\right)^2} \qquad (174)$$

Or, la primitive de (174) s'écrit :

$$\int_{\widetilde{R}^4} \sum_1^4 \left(dX^k\right)^2 = x_1^2 - (x_2^2 + x_3^2 + x_4^2) \qquad (175)$$

d'où l'on déduit :

$$\boxed{x_1^2 - (x_2^2 + x_3^2 + x_4^2) \geq v_\varphi^2 \beta^{-2} \delta\tau^2} \qquad (176)$$

On considère dans ce référentiel subtil, un temps $\widetilde{t}_0$, tel que :

$$-\tau \leq \widetilde{t}_0 \leq \tau \qquad (177),$$

avec : $x_1 = c_0 \widetilde{t}; x_2 = x; x_3 = y; x_4 = z$

Toute « connexion riemannienne » entre la particule physique ayant pour observables dans l'aire courbe dS^2, a_{ij} et a_{ki} et l'hyperespace–univers rattaché, engendre deux tenseurs, l'un phénoménal Γ^i_{jk}, l'autre symplectique $\widetilde{\Gamma}^i_{jk}$, de sorte que :

$$\Gamma^i_{jk} - \widetilde{\Gamma}^i_{jk} = \delta^i_j \varphi_k + \delta^i_k \varphi_j \qquad (178),$$

les vecteurs $\varphi_{k,j}$ étant covariants.

Dans ces conditions, (178) nous indique que, pour chaque brisure de symétrie référentielle, nous devons écrire à la place de (176) :

$$x_1^2 - (x_2^2 + x_3^2 + x_4^2) = v_\varphi^2 \beta^{-2} \tilde{\tau}_0^2 \quad (179)$$

et, puisqu'il y a symétrie :

$$x_2 = x_3 = x_4 = u \quad (180),$$

si bien que (179) s'écrit :

$$x_1^2 - 3u^2 = v_\varphi^2 \beta^{-2} \tilde{\tau}_0^2 \quad (181)$$

ou encore :

$$\boxed{u^2 - \frac{1}{3} x_1^2 = -\frac{1}{3} v_\varphi^2 \beta^{-2} \tilde{t}_0^2} \quad (182)$$

La constante de courbure riemannienne symplectique générale

Associons, maintenant, les tenseurs suivants aux coordonnées. Pour être en conformité indicielle avec ce qui précède, posons :

$$j = \gamma; k = \nu; i = \lambda; \ell = \mu .$$

Nous obtenons un premier tenseur de Riemann–Christoffel :

$$T^\lambda_{\gamma;\nu\mu} \text{ associé à } -\frac{1}{3} v_\varphi^2 \beta^{-2} \tilde{t}_0^2 \ ;$$

le deuxième tenseur de Riemann–Christoffel :

$$\mathcal{R}^\lambda_{\gamma;\nu\mu} \text{ associé à } u^2 \ ;$$

un tenseur de Ricci par (178), soit :

$$\mathcal{R}_{\gamma\nu}\delta^{\lambda}_{\mu} - \mathcal{R}_{\gamma\mu}\delta^{\lambda}_{\nu} \text{ associé à } x_1^2$$

L'écriture de (182) devient alors, associée sous forme tensorielle :

$$\mathcal{R}^{\lambda}_{\gamma;\nu\mu} - \frac{1}{3}\left(\mathcal{R}_{\gamma\nu}\delta^{\lambda}_{\mu} - \mathcal{R}_{\gamma\mu}\delta^{\lambda}_{\nu}\right) = T^{\lambda}_{\gamma,\nu\mu} \qquad (183).$$

Or, par symétrie : $\lambda = \mu$ d'où $\delta^{\lambda}_{\mu} = 1$ ainsi que :

$\lambda = \nu$ d'où $\delta^{\lambda}_{\nu} = 1$. D'autre part :

$$\mathcal{R}G_{\gamma\nu} = G^{\gamma\nu}\mathcal{R}_{\gamma\nu} \text{ ainsi que : } \mathcal{R}G_{\gamma\mu} = G^{\gamma\mu}\mathcal{R}_{\gamma\mu}.$$

De même :

$$TG_{\gamma\mu} = G^{\gamma\mu}T_{\gamma\mu}.$$

L'écriture de (183) devient, dans ces conditions :

$$\boxed{\mathcal{R}(G_{\gamma\nu} - G_{\gamma\mu}) = 3(\mathcal{R}G_{\gamma\nu} - TG_{\gamma\mu})} \qquad (184).$$

Les tenseurs G_{ij} sont adimensionnels unitaires, les $\mathcal{R}$ sont des courbures $\left(m^{-2}\right)$.

Posons maintenant :

$$KG_{\mu\nu} = \mathfrak{K}G_{\mu\nu} + T_{\mu\nu} \qquad (185).$$

La conservation de l'énergie–impulsion « grave » par le tenseur $T_{\mu\nu}$ n'ayant pas de sens en physique noétique, on écrit :

$$\mathbb{K}G_{\mu\nu} = KG_{\mu\nu}$$

En posant alors :

$$\mathbb{K}G_{\mu\nu} = \mathcal{R}(G_{\gamma\nu} - G_{\gamma\mu}) \qquad (186)$$

et $\mathcal{C}_0 G_{\mu\nu} = \mathcal{R}G_{\gamma\nu}$, on aboutit à :

$$\mathbb{K}G_{\mu\nu} = 3\mathcal{C}_0 G_{\mu\nu}$$

d'où la courbure multiverselle :

$$\boxed{\mathbb{K} = 3\mathcal{C}_0} \qquad (187)$$

ou encore

$$\boxed{\mathbb{K} = 3R^{-2}} \qquad (188),$$

R étant le rayon–univers noétique associé au Champ–symplectique ($\mathcal{N} = 1; N = 0; n = ½$).

Significations de la constante de courbure riemannienne dans le tenseur symplectique

En associant au référentiel symplectique, le passage du référentiel phénoménal au référentiel nouménal, on définit, rappelons–le, la disjonction électromagnétique noétique en mettant en scène la vitesse de phase $v_{\varphi} > c_0$ transcéique. Instantanément, énergie, quantité de mouvement et masse dans le phénoménal disparaissent au sens « grave » que nos sens physiologiques, nos appareils de mesure et nos observations coutumières peuvent en avoir (mais c'est déjà le cas en courbure riemannienne symplectique).

Pour l'énergie quantique (E_q), la transformation en INFORMATION–COURBURE HYPERSPATIALE est traduite par :

$$\mathfrak{K}(E'_q) = k^2 E_q^{-1} \;;$$

Pour la quantité de mouvement p_q (à la disjonction stricte électromagnétique) ;

$$\mathfrak{K}(p_q) = k^2 c_0^{-1} p^{-1}$$

Pour la masse quantique μ_q ;

$$\mathfrak{K}(\mu_q) = k^2 c_0^{-2} \mu^{-1}$$

Dans tous les cas, ces expressions deviennent, en référentiel symplectique noétique, des INFORMATIONS de structure de dimension identique $[m^{-2}]$. Calculons ces transformations référentielles pour l'électron, de masse
$\mu_e = 9{,}1093897.10^{-31}\,\text{kg non grave}$,
d'énergie quantique « au repos » :
$E'_q = \mu_e c_0^2 = 8{,}187111168.10^{-14}\,\text{J non grave} = 510995\,\text{eV}$
et de quantité de mouvement associée :
$p_q = 2{,}730926329.10^{-22}$ (masse non grave × vitesse).

L'Information courbure basale donne, successivement et respectivement :

$$\mathfrak{K}(E'_q) = 1{,}422541.10^{24}\,m^{-2} \;;$$

$$\mathfrak{K}(p_q) = 1{,}422541.10^{24}\,m^{-2} \;;$$

$\mathfrak{K}(\mu_e) = 1{,}422541.10^{24}\,m^{-2}$.

Concernant l'électron, l'Information–courbure fondamentalement basale est unique pour $\Gamma^2 = \frac{1}{\beta_e^2 - 1} = 1$ $(\beta_e = \sqrt{2})$, soit pour l'exacte symétrie translative où énergie quantique et information spatiale sont en interaction. En fait, la préfusion nouménale noétique devient évolutive à partir de $\Gamma^2 = 0{,}5$ $(\beta_e = \sqrt{3})$, ainsi que l'établissement de la constante $\mathfrak{K}$ nous l'a montré ; (172) est établi pour $\beta^2 \geq 2$ dont l'efficacité débute pour $\beta^2 \geq 3$ (E'_{20} et $p_{20} \to 0$). Pour le calcul du rayon R de l'univers noétique associé au Champ symplectique, il convient de prendre (186) en compte afin que : $R = (\mathcal{R} - T)^{-1}$. Au vu des valeurs obtenues ci–dessus, je suggère d'adopter $3/R^2 = 1{,}422541.10^{24}\,m^{-2}$ d'où $R = 1{,}4522.10^{-12}\,m$ avec, en conséquence : $R = (\mathcal{R} - T)^{-1}$.

L'introduction de la constante courbure dans le tenseur symplectique détermine des multivers noétiques hypersphériques

Récrivons la formulation (170) soit :

$$\mathcal{R}_{(\mu\nu)} - \frac{1}{2}\mathcal{C}G_{(\mu\nu)} = 0$$

Or la courbure s'exprime par :

$$\mathcal{C} = G^{\mu\nu}\mathcal{R}_{\mu\nu}G_{\mu\nu}$$

L'introduction de la constante de courbure par (188) dans (170) fournit alors et finalement le Tenseur symplectique par :

$$\boxed{\mathcal{R}_{\mu\nu} - \frac{1}{2}\mathcal{R}G_{\mu\nu} + \mathfrak{K}G_{\mu\nu} = 0} \qquad (189)$$

avec, rappelons–le :

$$K_{\mu\nu} = \mathfrak{K} \qquad (190),$$

K devient la constante de courbure générale du multivers et désigne la non divergence (cavitationnelle divergente en phénoménal) bien que soumise à la contrainte hyperspatiale courbe non gravitationnelle (pas de contrainte d'énergie–impulsion, donc non divergente).

Expression générale et fondamentale de la Fusion Espace←temps par le Tenseur électromagnétique nouménal–symplectique. Courbure d'univers $\dot{n} = 2$

Rappelons l'expression (170) soit :

$$\mathcal{R}_{(\mu\nu)} - \frac{1}{2}\mathcal{C}G_{(\mu\nu)} = 0$$

Or, la courbure $\mathcal{C}$ s'exprime par

$$\boxed{\mathcal{C} = G^{\mu\nu}\mathcal{R}_{\mu\nu}G_{\mu\nu}} \qquad (191)$$

si bien que l'association des deux dernières équations fournit :

$$\boxed{\mathcal{R}_{\mu\nu} - \frac{1}{2}G^{\mu\nu}\mathcal{R}_{\mu\nu}G_{\mu\nu} = 0} \qquad (192)$$

Écrivons maintenant, la contraction d'un tenseur $\mathcal{R}^{\mu\lambda}{}_{,\rho\mu}$, ce qui donne pour $\lambda = \mu$:

$$\nabla_\lambda \bullet \mathcal{R}^{\mu\lambda}{}_{,\rho\mu} = -\nabla_\mu \bullet \mathcal{R}^{\mu}{}_{,\rho}.$$

Recommençant la contraction jusqu'à l'ordre 2 avec μ et ν, donc avec $\mathcal{R}^{\mu\lambda}{}_{,\nu\mu}$, on obtient pour $\lambda = \mu$:

$$\nabla_\mu \bullet \mathcal{R} = \frac{1}{2}\nabla_\mu \bullet \delta^{\mu}{}_{,\nu}(\mathcal{R}) \text{ ou :}$$

$$\nabla_\mu \bullet \left[\mathcal{R}^{\mu}{}_{,\nu} - \frac{1}{2}\delta^{\mu}{}_{,\nu}(\mathcal{R})\right] = 0$$

En définissant un tenseur universel symplectique $D^{\mu}_{(U)\nu}$ par :

$$D^{\mu}_{(U)\nu} = \mathcal{R}^{\mu}{}_{,\nu} - \frac{1}{2}\delta^{\mu}{}_{\nu}(\mathcal{R}) + K \qquad (193)$$

où $K = \mathbb{K}$, la constante K agit comme un annulateur de la conservation de l'énergie–impulsion (NG) de la divergence ∇_μ dans la condition :

$$\boxed{\mathbb{K} = 3R^{-2}} \qquad (194)$$

Il EST donc un tenseur universel nouménal $D^{\mu}_{(U)\nu}$ **totalement symétrique**, à **divergence cavitationnelle inconditionnellement nulle** pour la succession géométrique $n = 2, 4, 8, 16$ rendant compte ainsi de **tout** univers noétique informatif rattaché au **Principe holomorphe nouménal** par l'Implexum noétique, de sorte que

$$\boxed{\nabla_{\mu} \bullet D_{(U)\nu}^{\ \mu} = 0} \qquad (195),$$

fournisse en composante contractée :

$$\boxed{\mathcal{R}_{\mu\nu(k=0)} - \frac{1}{2}\mathcal{R}_{(k=0)}G_{\mu\nu} + K_{(k=0)} = 0} \qquad (196)^{(*)}$$

Soulignons qu'il a été reconstitué, ici, le tenseur symplectique d'une manière strictement noétique, uniquement basée sur le développement de la fusion électromagnétique en « courbure attracto–fusionnelle » hors–divergence et ressuscitant le Nombre d'Or lequel va « trouver » sa place inédite dans la solution S.O.U.L. du tenseur (196) ci–dessus.

Dans le cas précis ($n = ½$; référentiel symplectique), je définis le rayon riemannien de l'univers – $D_{(U)}$ par :

$$\boxed{\mathfrak{K} = \frac{1}{2}\mathcal{C}} \qquad (197)$$

lequel représente la courbure de l'« univers » compact attracto–fusionnel ontologique et primordial dans l'ABSOLU nouménal mais manifesté INTRINSÈQUEMENT dans le référentiel symplectique pour $n = ½$. On tire de (197) dans les conditions particulières $n = 2$ avec $r*_N$, rayon « attracteur » de l'hypersphère symbolique submicro–univers symplectique associé à l'électron, la dimension :

$$R_G = 2\sqrt{\frac{2}{3}}\sqrt{\frac{\mu_e c_0^2}{k^2}} \qquad (198)$$

(*) Démonstration est, ainsi, apportée par (196), que les submicro–espaces involués relèvent, également de la géométrie de Riemann, contrairement aux affirmations des « cordistes ».

L'application numérique donne :

$$R_G = 1{,}633\sqrt{\frac{9{,}1093897.10^{-31} \times 3.10^{16}}{1{,}16465.10^{11}}} = \mathbf{1{,}369.10^{-12}\,m}$$

déterminant la courbure noétique :

$$\mathcal{C}_G = 5{,}3345.10^{23}\,m^{-2}.$$

On constate que la longueur d'onde holomorphe associée cohérente, de valeur $2\pi R_G \approx 8{,}6.10^{-12}\,m$ vaut 3,545 fois environ, la longueur de Broglie et se situe à l'extrême limite de la « frontière » symplectique–nouménale.

La valeur de $\mathcal{C}_G$ est tout–à–fait générale. Il faut compter, dans la plupart de cas d'étude à devoir remplacer $\mathcal{C}_G$ par telle ou telle valeur appropriée.

La solution S.O.U.L.(*) du Tenseur nouménal–symplectique

Introduction préliminaire

La solution « obligée », de base, est une géodésique phénoménale d'intervalle ds, tel que, en géométrie euclidienne, en référence d'inertie, on ait :

$$ds^2 = c_0^2 dt^2 - \left(dx^2 + dy^2 + dz^2\right) \qquad (199).$$

Or, suivant mes explications précédentes, en physique noétique (involution énergétique), l'impossibilité de se référer à la masse, à l'énergie et à la quantité de

(*) **S**elf **O**rder in **U**niversal **L**ight

mouvement, soustrait toute considération à l'inertie si bien que le Tenseur symplectique, exprimant un « état d'être » nouménal, oblige à la considération d'un référentiel en **rotation uniforme** de pulsation ω, selon (par exemple), l'axe Oz (ce sont les conditions des groupes de Lie en symétrie sphérique).

Soient x', y', z' les coordonnées non inertiels de l'« état d'être » nouménal, on a

$$\left.\begin{aligned} x &= x'\cos\omega t - y'\sin\omega t \\ y &= x'\sin\omega t + y'\cos\omega t \text{ et :} \\ z &= z' \end{aligned}\right\} \qquad (200).$$

Les relations (200) introduites en (199) permettent d'obtenir alors :

$$ds^2 = \left[c_0^2 - \omega^2\left(x'^2 - y'^2\right)\right]dt^2 + \left(2\omega y'dx' - 2\omega x'dy'\right)dt - \left(dx'^2 + dy'^2 + dz'^2\right)$$

(201)

Pour que cette relation pût aboutir à un espace euclidien, il eût fallu qu'elle fût quadratique, ce qui n'est pas le cas de (201). Il est donc impossible à l'espace euclidien d'être une solution représentative de (196) ou de (197). D'où l'obligation d'une solution représentative de l'espace riemannien, seul capable de présenter des propriétés **fusionnelles**. C'est pourquoi la géodésique non inertielle est, habituellement, exprimée sous la forme quadratique suivante en référentiel phénoménal.

$$ds^2 = g_{\mu\nu}dx^\mu dx^\nu \qquad (202)$$

Cette écriture « phénoménale » présente, cependant, l'inconvénient de ne pas pouvoir être non inertielle dans le domaine physique. Mais si nous définissons une métrique espace–temps particulière que j'appelle **nouménale** car appartenant à une physique **matériellement virtuelle**, donc fortement involutive d'un point de vue quantique (physique **noétique**), nous pénétrons dans un « monde » où la virtualité physique « décrit » l'Information pure, donc l'**Intelligence** ontologiquement induite dans ce que la « matière » quantique submicroscopique puis matière moléculaire macroscopique « exprime » par sa capacité auto–édificatrice, nullement subordonnée ni au probabilisme statisticien, ni au hasard mais par son « autotranscendance ».

Ainsi, si $\{X^0\},\{X^1\},\{X^2\},\{X^3\}$ définissent une métrique spatiotemporelle particulière par le tenseur $G_{\mu\nu}$, on écrit la géodésique symplectique :

$$dS^2 = G_{\mu\nu} dX^\mu dX^\nu \qquad (203)$$

Nous allons voir, de fait, que dS^2 doit être considéré comme indépendant du temps, donc comme un invariant pour toute transformation

$$dX^0 \to -dX^0 \qquad (204)$$

suscitant :

$$G_{0k} = 0 \qquad (205)$$

Solution pour une source sphérique. La source nouménale inlocalisable

Nous considérons une source sphérique au sens (A, L, α) d'un C* système dynamique appartenant au groupe (L) de Lie et de classe C^∞. Il découle de cette condition que l'algèbre correspondante se « déroule » dans un espace normé A, l'algèbre involutive $A^{\infty} = \{x \in A \ (x \text{ classe } C^{\infty})$ étant dense en norme dans A. La source est **non divergente,** par **définition** à symétrie sphérique car **non localisable**. La « source » est, ainsi, hypersphérique de fait, fusionnelle au sens où son centre de symétrie en « fusion » référentielle ne permet aucunement sa localisation ni pseudo–localisation symplectique éventuelle : la source exerce alors simultanément « hors » et « dedans » (ces deux désignations confondant leurs sens mutuels) un potentiel non grave non newtonien mais attracto–fusionnel. Toute **défusion** rétablirait à l'instant les « frontières » référentielles en phénoménal et la solution de (196) serait détruite.

Dans ces conditions, toute source « fusionnelle » (donc appartenant au référentiel nouméno– symplectique), est celle d'un champ symplectique (en déformation spatiale) non divergent, hypersphérique et non localisé (au sens où nos sens en délimitent la signification) représenté par l'équation :

$$\mathcal{R}_{\mu\nu} = 0 \qquad (206)$$

avec des coordonnées sphériques à symétrie centrale selon :

$$dS^2 = \alpha(r^*, \tilde{t})dr^{*2} + \beta(r^*, \tilde{t})[\sin^2\theta d\varphi^2 + d\theta^2] + \delta(r^*, \tilde{t})d\tilde{t}^2 + \gamma(r^*, \tilde{t})dr^* d\tilde{t} \qquad (207)$$

Les coefficients α, β, δ, γ sont fonctions des coordonnées r^* et $\tilde{t}$.

L'équation de la source non localisable est un tenseur de courbure

Dans ces conditions (206) est un tenseur de courbure et l'expression (207) est donc complète puisqu'elle fait intervenir les coordonnées nouménales r^* et $\tilde{t}$ (espace et temps noétiques) selon les coefficients différents $\alpha\ldots$ à γ successivement pour les trois intervalles espace dr^{*2}, temps $d\tilde{t}^2$, espace–temps $dr^*, d\tilde{t}$ puis les coordonnées sphériques φ (longitude) et la colatitude θ, variant selon $0 \leq \theta < \pi$ et $0 \leq \varphi < 2\pi$.

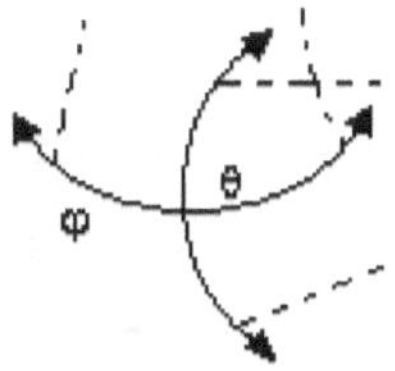

Considérons tout champ noétique quantifié comme une source riemannienne, champ d'attraction **ésotère** (sphérique) non localisable. Si nous voulons étudier cette source, nous devons nous placer « analytiquement » extérieurement à elle, dans le référentiel symplectique, donc en situation **exotère** nouménale. Dans cet « espace », le tenseur nouménal (196) a pour solution :

$$\mathcal{R}_{\mu\nu} = 0$$

Utilisant les symboles de Christoffel, nous savons que (206) correspond à un système de coordonnées de chaque point où ;

$$\Gamma^i_{j,k}(x) = 0 \qquad (208)$$

Nous disposons, ainsi, d'un commutateur des dérivées covariantes nouménales d'un vecteur V^i (X) telles que :

$$(D_\mu, D_\nu) V^i(X) = V^i_{\nu\mu} - V^i_{\mu\nu} \qquad (209)$$

Or, en utilisant l'expression du tenseur de courbure intrinsèque de Riemann–Christoffel, il a été montré (cf. §4, Tome IV) que :

$$\mathcal{R}^\lambda_{\gamma,\nu\mu} = \partial_\nu \Gamma^\lambda_{\gamma,\mu} - \partial_\mu \Gamma^\lambda_{\gamma,\nu} + \Gamma^\rho_{\gamma,\mu}\Gamma^\lambda_{\nu,\rho} - \Gamma^\rho_{\gamma,\nu}\Gamma^\lambda_{\mu,\rho} = 0 \quad (210),$$

où tous les $\Gamma^i_{j,k}$ sont des plans tangents en tout point défini par $\lfloor G_{\mu\nu} \rfloor$ pour

$T_{\mu\nu} = 0$. Considérant la démarche strictement riemannienne, la solution SOUL est à symétrie sphérique, indépendante du temps, si bien que :

$$dS^2 = G_{\mu\nu}(X) dX^\mu dX^\nu \qquad (211)$$

Tout le travail va consister, maintenant, à partir de (206), à chercher les coordonnées sphériques à symétrie centrale. En sériant les termes de (207) et en les classant par familles, écrivons a priori :

$$dS^2 = \mathbf{A}(\tilde{t}^2) - \mathbf{B}(r^{*2}) - \mathbf{C}(r^{*2}, \theta^2) - \mathbf{D}(r^{*2}, \theta, \varphi^2) + \mathbf{a}(r, \theta) + \mathbf{b}(\theta, \varphi) + \mathbf{c}(r^*, \varphi) + \mathbf{d}(X^{i,k}) \qquad (212)$$

En tenant compte, maintenant, des dimensions physiques (mais en tant que tenseurs symplectiques), on pose pour respecter celle de dS^2 (aire en m^2) :

$$\mathbf{A} = AV_{GN_0} d\tilde{t}^2 ; \mathbf{B} = Bdr^{*2} ; \mathbf{C} = Cr^{*2} d\theta^2 ; \mathbf{D} = Dr^{*2} \sin^2 \theta d\varphi^2 ;$$

$$\mathbf{a} = adr^* d\theta; \quad \mathbf{b} = bd\theta d\varphi; \quad \mathbf{c} = cdr^* d\varphi; \quad \mathbf{d} = G_{i,k} dX^i dX^k$$

(la célérité électromagnétique au carré c_0^2 peut être remplacée par un potentiel adimensionnel V_{GN_0}) si bien que :

$$dS^2 = AV_{GN_0} d\widetilde{t}^{\,2} - \left(Bdr^{*2} + Cr^{*2}d\theta^2 + Dr^{*2}\sin^2\theta d\varphi^2\right) + adr^* d\theta + bd\theta d\varphi + cdr^* d\varphi + G_{0k}dX^0 dX^k \quad (213),$$

J'inclurai par la suite, sans démonstration, le coefficient K de (197) dans les termes comportant les différentielles $d\widetilde{t}$ et dr^* car les constantes d'intégration révéleront la signification de K. En symétrie sphérique centrale, les trois coordonnées spatiales s'écrivent :

$$X_1 = r^* \cos\varphi \sin\theta; \; X_2 = r^* \sin\varphi \sin\theta; \; X_3 = r^* \cos\theta.$$

Tout le problème se ramène, maintenant, à rechercher la signification des coefficients A… D et **a…d**.
Nous sommes tenus à « observer » depuis le référentiel nouménal où $\mathcal{R}_{\mu\nu} = 0$ est solution du tenseur symplectique nouménal, en nous positionnant à la distance quasi–infinie $(dS_\infty = d\Sigma)$. Il vient :

$$d\Sigma = AV_{GN_0} d\widetilde{t}^{\,2} - \left(dr^{*2} + r^{*2}d\theta + r^{*2}\sin\theta d\varphi^2\right) \quad (214)$$

D'autre part, les solutions du tenseur (197) étant stationnaires puisque le temps nouménal n'« est pas », on sait que par $\widetilde{t} = ti_0^{*\pm 1}$, l'inversion du temps ne change pas la métrique, d'où :

$$G_{0k} = 0.$$

Par suite, et puisque la symétrie est sphérique, les transformations

$d\theta \to -d\theta$ et $d\varphi \to -d\varphi$ laissent dS^2 invariant. Ce qui entraîne successivement :

$adr^* d\theta = 0$; $bd\theta d\varphi = 0$; $cdr^* d\varphi = 0$ ce qui réduit (213) à :

$$dS^2 = AV_{GN_0} d\tilde{t}^2 - \left(Bdr^{*2} + Cr^{*2} d\theta^2 + Dr^{*2} \sin^2 \theta d\varphi^2\right) \quad (215)$$

Les coefficients A, B, C, D sont, ainsi, seulement fonctions de r^*. Toujours selon les propriétés de la symétrie centrale sphérique, deux déplacements identiques $\delta_1 = rd\theta$ (en latitude) et $\delta_2 = rd\varphi$ (en longitude) sont identiques pour $\theta = 0$ et $\frac{\pi}{2}$. Dans le premier cas, la correspondance métrique s'écrit $(S = \sigma)$:

$d\sigma^2 = -C\delta_1$ et dans le deuxième cas :

$d\sigma^2 = -D\delta_2$.

Or $\delta_1 = \delta_2$ par identité positionnelle métrique (parcours équatoriaux) sur la sphère, d'où :

$C = D$ et (215) se simplifie à nouveau par :

$$dS^2 = AV_{GN_0} d\tilde{t}^2 - Bdr^{*2} - C\left(r^{*2} d\theta^2 + r^{*2} \sin^2 \theta d\varphi^2\right) \quad (216)$$

Les coefficients A et B sont bien catalogués sur le plan métrique. Il n'en est pas de même pour C. Pour le déterminer j'utiliserai une méthode de « variation de constance » éprouvée et astucieuse : transformer la constante C en variable.

Posons $r_0^{*2} = C(r^*)\, r^{*2}$ (217),

D'où $r_0{}^* = r^* \sqrt{C(r^*)}$. Dérivons (217). Il vient :

$$2C(r^*)\, r^* dr^* + r^{*2} C(r^*) = 2r_0^* dr_0^*$$

On factorise :

$$2C(r^*)\,r^*dr^*\left[1+\frac{r^*}{2C(r^*)}C'(r^*)\right]=2r_0^*dr_0^* \text{ avec}$$

$$C'(r^*)=\frac{dC(r^*)}{dr^*}$$

Élevons au carré : $C^2(r^*)\,r^{*2}dr^{*2}\left[1+\dfrac{r^*}{2C(r^*)}C'(r^*)\right]=r_0^{*2}dr_0^{*2}$

Divisons, maintenant, tout par $C(r^*)\,r^{*2}=r_0^{*2}$, il vient :

$$C(r^*)\,dr^{*2}\left[1+\frac{r^*}{2C(r^*)}C'(r^*)\right]=dr_0^{*2}$$

On trouve la valeur de $C(r^*)$ en identifiant le facteur et le deuxième membre, ce qui suppose $r^*=r_0^*$ d'où $dr^{*2}=dr_0^{*2}$

D'où : $\boxed{C=1}$ (218)

En cherchant à identifier par : $\left(1+\dfrac{r^*}{2C(r^*)}\dfrac{dC(r^*)}{dr^*}\right)=1$, on trouve C = 0 ce qui est incompatible avec C = 1. On prend cette dernière valeur.
La métrique s'écrit maintenant :

$$dS^2=AV_{GN_0}d\tilde{t}^2-Bdr^{*2}-r^{*2}\left(d\theta^2+\sin^2\theta d\varphi^2\right) \qquad (219)$$

Détermination partielle de la solution S.O.U.L.

Il reste à terminer par la recherche des coefficients A et B de (219), ainsi que la recherche du coefficient K de

(197) dans la solution. Deux méthodes sont possibles. La première a l'avantage d'être rapide pour A et B mais ne permet pas de « débusquer » K. La deuxième a le privilège d'être complète parce qu'elle évalue toutes les transformations nécessaires et elle est élégante mais… son inconvénient, c'est qu'elle est passablement longue et compliquée.

Dans (197), reprenons le terme $\alpha\left(r^*, \tilde{t}\right) dr^{*2}$ et posons :

$$A^2 = \alpha \text{ et } \alpha r^* = r_0^{*2}$$

Dérivons en rendant $\alpha(r^*)$ variable. On écrit donc :

$$2\alpha(r^*)\, r^* dr^* + r^{*2}\alpha'(r^*) = 2r_0^{*2} dr_0^* \qquad (220)$$

En procédant exactement comme pour C, on trouve :

$$\alpha(r^*)\, dr^{*2} = dr_0^{*2} \text{ d'où } dr_0^* = \sqrt{\alpha(r^*)}\, dr^*.$$

En intégrant : $r_0^* = \int \sqrt{\alpha(r^*)}\, dr^* + C^{\underline{te}}$ (221)

Pour cette valeur, nous considérons $\alpha(r^*) = \alpha$ (constante).

Appelons ℓ_s la constante d'intégration. De $A^2 = \alpha$, on déduit :

$$r_0^* = Ar^* + \ell_s. \text{ D'où :}$$

$$Ar^* = r_0^* - \ell_s \text{ ou } A = \frac{r_0^* - \ell_s}{r^*}.$$

Finalement, pour $r_0^* = r^*$, on écrit :

$$\boxed{A = 1 - \frac{\ell_s}{r^*}} \qquad (222)$$

Dans l'approximation des coordonnées complexes nouménales, voire symplectiques, nous devons considérer la transformation de Heaviside. Cherchons l'expression de B pour $f(A)=1$:

$$\mathcal{H}(A) = \int_0^\infty f(A)e^{-AB}dA = \left[-\frac{1}{B}e^{-AB}\right]_0^\infty = \frac{1}{B}$$

D'où $B_{nou} = \frac{1}{A_N}$ avec $f(A) = A_N$ (nouménal) = 1

On écrit :

$$\boxed{B = \frac{1}{1 - \frac{\ell_s}{r^*}}} \qquad (223)$$

Finalement, la métrique de (L247) s'écrit :

$$\boxed{dS^2 = V_{GN_0}\left(1 - \frac{\ell_s}{r^*}\right)d\tilde{t}^2 - r^{*2}\left(d\theta^2 + \sin^2\theta d\varphi^2\right) - \frac{dr^{*2}}{1 - \frac{\ell_s}{r^*}}} \qquad (224)$$

Recherche de la solution « fusionnelle » du tenseur symplectique nouménal

Reprenons l'expression (207) de la géodésique générale, soit :

$$dS^2 = \alpha(r^*, \tilde{t})dr^{*2} + \beta(r^*, \tilde{t})\left[\sin^2\theta d\varphi^2 + d\theta^2\right] + \delta(r^*, \tilde{t})d\tilde{t}^2 + \gamma(r^*, \tilde{t})dr^* d\tilde{t}$$

Les termes {α, β, δ, γ} sont fonction des coordonnées r^* et $\widetilde{t}$). Effectuons une transformation qui ne change pas la symétrie centrale de dS^2 ce qui est réalisé lorsque $\gamma(r^*, \widetilde{t}) = 0$ et $\delta(r^*, \widetilde{t}) = -r^{*2}$. Écrivons, maintenant, les quantités α et β sous forme exponentielle par :

$$\left.\begin{array}{l} \alpha(r^*, \widetilde{t}) = -e^{\varepsilon}, \quad \text{ainsi que :} \\ \delta(r^*, \widetilde{t}) = \delta^2 e^{\Psi} \end{array}\right\} \qquad (225),$$

ε et Ψ étant fonctions de r^* et $\widetilde{t}$.
En remplaçant dans (207) :

$$dS^2 = \delta^2 e^{\Psi} d\widetilde{t}^2 - r^{*2}\left(\sin^2\theta d\varphi^2 + d\theta^2\right) - e^{\varepsilon} dr^{*2} \qquad (226)$$

On assimile respectivement les coordonnées :

x^4 à $c_0\widetilde{t}$, x^1 à r^*, x^2 à θ, x^3 à φ, et on montre que les composantes non nulles du tenseur métrique s'écrivent :

$$g_{44} = -e^{\Psi};\ g_{11} = e^{\varepsilon};\ g_{22} = r^{*2};\ g_{33} = r^{*2}\sin^2\theta \qquad (227)$$

En reportant les expressions (225) dans ($\mathcal{R}_{\mu\nu} = ½ G^{\mu\nu}\mathcal{R}_{\mu\nu}G_{\mu\nu}$), on obtient :

$$\left.\begin{array}{l} e^{-\varepsilon}\left(\dfrac{1}{r^*}\dfrac{\partial\psi}{\partial r^*} + \dfrac{1}{r^{*2}}\right) - \dfrac{1}{r^{*2}} = 0 \\ e^{-\varepsilon}\left(\dfrac{1}{r^*}\dfrac{\partial\varepsilon}{\partial r^*} - \dfrac{1}{r^{*2}}\right) + \dfrac{1}{r^{*2}} = 0 \\ \dfrac{\partial\varepsilon}{\partial(\delta\widetilde{t})} = 0 \end{array}\right\} \qquad (228)$$

Ajoutant les deux premières expressions de (228), il vient :

$$\frac{\partial\varepsilon}{\partial r^*}+\frac{\partial\psi}{\partial r^*}=0\,,$$

d'où :

$\varepsilon+\psi=$ fonction logarithmique d'une constante (229), (voir plus loin).

Dans ces conditions, $\varepsilon=-\psi$ à une constante près et l'intégration de la deuxième équation de (228) donne pour l'annulation de la constante :

$$e^{-\varepsilon}=1+\frac{C}{r^*} \qquad (230)$$

C étant une (autre) constante.

Loin de la « source S.O.U.L. », $e^{-\varepsilon}=1\left(r^*\to\infty\right)$, la métrique devient pseudoeuclidienne par (constante d'intégration tout en demeurant symplectique) :

$$C=-2c_0^{-1/2}\sqrt{\hbar\mathcal{G}}\,,$$

Finalement, avec (229) et (230), la métrique (226), devenue euclidienne, s'écrit, (avec $\delta=c_0$) :

$$dS^2=c_0^2\left(1+\frac{C}{r^*}\right)d\tilde{t}^{\,2}-r^{*2}\left(\sin^2\theta d\varphi^2+d\theta^2\right)-\left(1+\frac{C}{r^*}\right)^{-1}dr^{*2} \qquad (231)$$

Introduisons, maintenant, la constante de courbure $K_{\mu\nu}$ dans :

$\mathcal{R}_{\mu\nu}=\frac{1}{2}G^{\mu\nu}\mathcal{R}_{\mu\nu}G_{\mu\nu}$. Nous retrouvons bien le tenseur symplectique nouménal et nous devons « repartir » en riemannien et ne plus « en sortir » pour la rigueur et la cohérence du raisonnement.

La contraction de celui–ci fournit alors :

$\mathcal{R} = 4K$ d'où :

$$\boxed{\mathcal{R}_{\mu\nu} = KG_{\mu\nu}} \tag{232}$$

et la solution $\mathcal{R}_{\mu\nu} = 0$, pour demeurer sphérique ou hypersphérique compatible avec (232) exige, comme on l'a vu, la symétrie sphérique par (226), soit pour $K = 0$:

$$dS^2 = \delta^2 e^{\Psi(r)} d\tilde{t}^2 - r^{*2}\left(\sin^2\theta d\varphi^2 + d\theta^2\right) - e^{\varepsilon(r)} dr^{*2} \tag{233}$$

avec : $\varepsilon(r)$ et $\Psi(r) \to 0$ pour $r \to \infty$.

Nous devons résoudre les équations associées à (233), hors « source S.O.U.L. ». Pour cela, reprenons (210) et changeons la symbolique indicielle par : $\alpha = \lambda; \beta = \rho; \eta = \gamma$. Si $V^\eta = V^i_{\nu\mu} - V^i_{\mu\nu}$ (par (209)), on a $\mathcal{R}^\alpha_{\eta\nu\mu} = \left\{\Gamma^\alpha_{\eta\nu,\mu} - \Gamma^\alpha_{\eta\mu,\nu} + \Gamma^\beta_{\eta\mu}\Gamma^\alpha_{\mu\beta} - \Gamma^\beta_{\eta\mu}\Gamma^\alpha_{\nu\beta}\right\}V^\eta$, si bien que la contraction de cette dernière courbure, s'écrive maintenant :

$$\left(\Gamma^\alpha_{\mu\alpha}\right)_{,\nu} - \left(\Gamma^\alpha_{\nu\alpha}\right)_{,\mu} + \Gamma^\beta_{\mu\alpha}\Gamma^\alpha_{\beta\nu} - \Gamma^\beta_{\nu\alpha}\Gamma^\alpha_{\beta\mu} = KG_{\mu\nu} \tag{234}$$

L'expression (233) est associée à

$$dS^2 = G_{\mu\nu}(X) dX^\mu dX^\nu \tag{235}$$

avec, donc :

$$G_{\mu\nu} = \begin{bmatrix} e^{\Psi(r)} & 0 & 0 & 0 \\ 0 & -e^{\varepsilon(r)} & 0 & 0 \\ 0 & 0 & -r^{*2} & 0 \\ 0 & 0 & 0 & -r^{*2}\sin^2\theta \end{bmatrix} \qquad (236)$$

ainsi qu'avec

$$G = -r^{*4}\sin^2\theta e^{\Psi(r)+\varepsilon(r)} \qquad (237)$$

ainsi que

$$\log\sqrt{-G} = \frac{\Psi+\varepsilon}{2} + 2\log r^{*} + \log|\sin\theta| \qquad (238)$$

L'équation (233) contient un grand nombre de symboles de Christoffel. Pour simplifier et raccourcir la résolution, considérons dans (235), l'équation d'**une seule** équation de géodésique de celle–ci sous sa forme :

$$\frac{d^2X^{\alpha}}{dS^2} + \Gamma^{\alpha}_{\beta\eta}\frac{dX^{\beta}}{dS}\frac{dX^{\eta}}{dS} = 0 \qquad (239)$$

contenant tous ces symboles.

Faisant, par exemple, $\alpha = 0$, on écrit (en réduction) :

$$\ddot{X}^0 + \Gamma^0_{\beta\eta}\dot{X}^{\beta}\dot{X}^{\eta} = 0 \qquad (240)$$

En développant la combinatoire avec : $x^1 = r^*$, $x^2 = \theta$, $x^3 = \varphi$ selon :

$$\ddot{X}^0 + \Gamma^0_{00}\left(\dot{X}^0\right)^2 + \Gamma^0_{01}\left(\dot{X}^0\dot{X}^1\right) + \Gamma^0_{10}\dot{X}^1\dot{X}^0 + 2\Gamma^0_{20}\dot{X}^2\dot{X}^0 + 2\Gamma^0_{30}\dot{X}^3\dot{X}^0 + 2\Gamma^0_{ik}\dot{X}^i\dot{X}^k = 0$$

(241),

on montre que tous les symboles Γ s'annulent sauf ceux qui dépendent de θ et de φ. D'où :

$$\Gamma_{01}^{0} = \Gamma_{10}^{0} = \tfrac{1}{2}\frac{d\Psi(r)}{dr^{*}} \qquad (242)$$

Pour poursuivre, il est commode d'utiliser les équations de Lagrange lesquelles interviennent par (à la jonction disjonctive phénoménal–symplectique) :

$$\int \mathcal{L} dS = 0$$

avec :

$$\frac{\partial \mathcal{L}}{\partial X^{\alpha}} = \frac{d}{dS}\left(\frac{\partial \mathcal{L}}{\partial \dot{X}^{\alpha}}\right) \qquad (243)$$

En posant pour lagrangien, la quantité :

$$\mathcal{L} = e^{\Psi(r)}\left(\dot{X}^{0}\right)^{2} - \left(e^{\varepsilon(r)}\dot{r}^{*2} + r^{*2}\dot{\theta}^{2} + r^{*2}\sin^{2}\theta\dot{\varphi}^{2}\right) \qquad (244),$$

pour $X^{\alpha} = X^{0}$, on obtient :

$$\frac{d}{dS}\left(2e^{\Psi(r)}\dot{X}^{0}\right) = 0$$

d'où :

$$\ddot{X}^{0} + \frac{d\Psi}{dr}\frac{dr}{dS}\frac{dX^{0}}{dS} = 0 \qquad (245)$$

La comparaison de (245) avec (240) permet alors de définir, par exemple, (241) puis (242) On poursuit de la sorte lorsque $\alpha = 1$, d'où :

$$\ddot{X}^1 + \Gamma^1_{\beta\eta}\dot{X}^\beta\dot{X}^\eta = 0 \qquad (246).$$

On obtient alors, après calcul de la nouvelle expression du lagrangien :

$$\Gamma^1_{00} = ½\frac{d\Psi}{dr^*}e^{\Psi-\varepsilon} \ ; \ \Gamma^1_{11} = ½\frac{d\varepsilon}{dr^*} \ ; \ \Gamma^1_{22} = -e^{-\varepsilon}r^* \ ;$$

$$\Gamma^1_{33} = -r^*\sin^2\theta e^{-\varepsilon}$$

(247)

En poursuivant ainsi, pour, successivement : $\alpha = 2\left(X^\alpha = X^2 = \theta\right)$, puis $(\alpha = 3)$, $X^\alpha = X^3 = \varphi$, les combinatoires sous leurs formes respectives :

$$\Gamma^2_{21} = \Gamma^2_{12} = \frac{1}{r^*} \ ; \qquad \Gamma^2_{33} = -\sin\theta\cos\theta \ ; \qquad \Gamma^3_{23} = \Gamma^3_{32} = \cot g\,\theta \ ;$$

$$\Gamma^3_{13} = \Gamma^3_{31} = \frac{1}{r^*}$$

(248),

on obtient la réécriture détaillée de (240) sous leurs formes particularisées dans toutes les géodésiques révélées. Sachant d'autre part que :

$$\Gamma^\alpha_{\beta\alpha} = \frac{\partial}{\partial X^\beta}\log\sqrt{-G} \qquad (249),$$

nous avons alors :

$$\boxed{\mathcal{R}_{\mu\nu} = \frac{\partial^2}{\partial X^\mu \partial X^\nu}\log\sqrt{-G} - \Gamma^\alpha_{\mu\nu,\alpha} + \Gamma^\beta_{\eta\mu}\Gamma^\eta_{\beta\nu} - \Gamma^\eta_{\mu\nu}\frac{\partial}{\partial X^\eta}\log\sqrt{-G}}$$

(250)

avec $\mathcal{R}_{\mu\nu} = \mathrm{KG}_{\mu\nu}$ (maintien des calculs en riemannien).

En faisant successivement, $\mu, \nu = 0{,}0$ puis $1{,}1$, puis $2{,}2$ on écrit :

$$\mathcal{R}_{00} = \mathrm{KG}_{00} \;;\; \mathcal{R}_{11} = \mathrm{KG}_{11} \;;\; \mathcal{R}_{22} = \mathrm{KG}_{22}.$$

En écrivant (230) sous la forme :

$$\mathcal{R}_{00} = \frac{\partial^2}{\left(\partial X^0\right)^2} \log\sqrt{-G} - \left(\Gamma_{00}^{\alpha}\right)_{,\alpha} + \Gamma_{\eta 0}^{\beta}\Gamma_{\beta 0}^{\eta} - \Gamma_{00}^{\eta} \frac{\partial}{\partial X^{\eta}} \log\sqrt{-G} \tag{251}$$

on déduit :

$$\mathcal{R}_{00} = -\left(\Gamma_{00}^{1}\right)_{,1} + 2\Gamma_{10}^{0}\Gamma_{00}^{1} - \Gamma_{00}^{1} \frac{\partial}{\partial X^1} \log\sqrt{-G} \tag{252}$$

En développant tous les symboles de Christoffel utilisés, on trouve, après calculs par $\mathcal{R}_{\mu\nu} = \mathrm{KG}_{\mu\nu}$:

$$\mathcal{R}_{00} = -\frac{1}{2}\left[\frac{d\Psi}{dr^*} \cdot \frac{\partial}{\partial r^*}\left(e^{\Psi-\varepsilon}\right)\right] + \frac{1}{2}\left[\left(\frac{d\Psi}{dr^*}\right)^2 e^{\Psi-\varepsilon}\right] - \frac{1}{2}\left[\frac{d\Psi}{dr^*} e^{\Psi-\varepsilon}\right] \cdot \frac{1}{2}\left[\left(\frac{d\Psi}{dr^*} + \frac{d\varepsilon}{dr^*}\right) + \frac{2}{r^*}\right] = -2\mathrm{K}e^{\varepsilon} \tag{253}$$

On constate que (253) se simplifie alors sous la forme :

$$\boxed{\frac{d^2\Psi}{dr^{*2}} + \frac{1}{2}\left(\frac{d\Psi}{dr^*}\right)^2 - \frac{1}{2}\frac{d\Psi}{dr^*}\frac{d\varepsilon}{dr^*} + \frac{2}{r^*}\frac{d\Psi}{dr^*} = -2\,\mathrm{K}e^{\varepsilon}} \tag{254}$$

(254) est une équation du deuxième ordre en Ψ. On doit répéter, pour être complet, le même formalisme pour R_{11} en permutant Ψ et ε, si bien que (254) devienne :

$$\frac{d^2\Psi}{dr^{*2}} + \frac{1}{2}\left(\frac{d\Psi}{dr^*}\right)^2 - \frac{1}{2}\frac{d\varepsilon}{dr^*}\frac{d\Psi}{dr^*} - \frac{2}{r^*}\frac{d\varepsilon}{dr^*} = -2\,Ke^{\varepsilon} \qquad (255)$$

Soustrayons l'une de l'autre ces deux dernières expressions. On obtient :

$$\frac{d\Psi}{dr^*} + \frac{d\varepsilon}{dr^*} = 0 \qquad (256)$$

si bien que

$$\varepsilon + \Psi = \ell n\, \sigma \qquad (257)$$

σ étant une constante. On reporte maintenant (256) et (257) dans (246). Il vient, au terme de quelques calculs intermédiaires :

$$\frac{d^2}{dr^{*2}}\left(e^{\Psi}\right) + \frac{2}{r^*}\frac{d}{dr^*}\left(e^{\Psi}\right) = -2K\sigma \qquad (258)$$

expression se simplifiant en :

$$\frac{1}{r^*}\frac{d^2}{dr^{*2}}\left[r^* e^{\Psi}\right] = -2K\sigma \qquad (259)$$

En intégrant deux fois, il vient :

$$r^* e^{\Psi} = -\frac{K}{3}\sigma r^{*3} + \rho + \gamma r^* \qquad (260)$$

σ, ρ, γ étant constantes d'intégration.

Il est nécessaire de recommencer pour $\mathcal{R}_{22} = KG_{22}$. Sans recommencer les calculs longs et fastidieux, mentionnons que le développement de $\mathcal{R}_{22}$ nous donne :

$$\frac{\partial^2}{\partial\theta^2}(\log|\sin\theta|) + \frac{d}{dr^*}\left(r^* e^{-\varepsilon}\right) - 2e^{-\varepsilon} + \frac{1}{tg^2\theta} + r^* e^{-\varepsilon}\left[\frac{2}{r^*} + \frac{1}{2}\left\{\frac{d}{dr^*}(\Psi + \varepsilon)\right\}\right] = -Kr^{*2}$$

à la place de :

$$R_{22} = \frac{\partial^2}{\partial\theta^2}(\log|\sin\theta|) + \frac{d}{dr^*}\left(r^* e^{-\varepsilon}\right) - 2e^{-\varepsilon} + \frac{1}{tg^2\theta} + r^* e^{-\varepsilon}\left[\frac{2}{r^*} + \frac{1}{2}\left\{\frac{d}{dr^*}(\Psi + \varepsilon)\right\}\right] = 0$$

En soustrayant l'une de l'autre, il reste pour cette manipulation de ces deux dernières expressions :

$$\frac{d}{dr^*}\left(re^{-\varepsilon}\right) = 1 - Kr^{*2} \qquad (261)$$

Or, (257) nous a fourni :

$\varepsilon = -\Psi + \ell n\, \sigma$. D'où (261) devient :

$$\boxed{\frac{d}{dr^*}\left(re^{\Psi}\right) = \sigma\left(1 - Kr^{*2}\right)} \qquad (262)$$

ce qui, par (260), fournit : $\gamma = \sigma$.

En fin de compte : par (257), (260) et (262), on tire :

$$e^{\Psi} = \sigma\left[1 + \frac{\rho}{\sigma r^*} - \frac{1}{3}Kr^{*2}\right]$$

ainsi que $\quad e^{-\varepsilon} = 1 + \dfrac{\rho}{\sigma r^*} - \dfrac{1}{3}Kr^{*2}$

Détermination totale de la solution S.O.U.L.

Nous sommes parvenus au but pour écrire la géodésique noétique de l'équation (231) soit :

$\mathcal{R}_{\mu\nu} = KG_{\mu\nu}$, solution de cette dernière :

$$dS^2 = \left(1 + \frac{\rho}{\sigma r^*} - \frac{1}{3}Kr^{*2}\right)\left(dX^0\right)^2 - \frac{1}{1 + \frac{\rho}{\sigma r^*} - \frac{1}{3}Kr^{*2}}dr^{*2} - r^{*2}\left(d\theta^2 + \sin^2\theta d\varphi^2\right)$$

(263)

Si nous posons : $\rho = r_s^*$ et $\sigma = 1$ (cette dernière égalité étant arbitraire mais se justifiant parfaitement dans la solution générale de la géodésique), nous avons, avec $\left(dX^0\right)^2 = c_0^2 d\tilde{t}^2$ et :

$$G_{00} = 1 + \frac{r_s}{r^*} = 1 - \frac{2\sqrt{\hbar c_0 \boldsymbol{\upsilon}_0 k^{-2} f_0^4}}{r^* c_0^2} = 1 - \frac{2c_0^{-1/2}\sqrt{\hbar \boldsymbol{\upsilon}_0 k^{-2} f_0^4}}{r^*},$$

où $\boldsymbol{\upsilon}_0$ est le volume noétique « submicro–univers » symplectique de référence égal à $7{,}1431.10^{-79}\,m^3$. G_{00} est solution du tenseur nouménal muni de sa constante courbure K laquelle décrit la géodésique complète en géométrie de Riemann par l'écriture complète (dans le cas infiniment petit pour lequel se justifie : $\theta = \frac{\pi}{2}$ et $\varphi = 0$) avec r^* fini, ce qui rend le terme « circulaire » de (263) négligeable dans l'option–Fusion qui est retenue ici :

$$dS^2 = \left[c_0^2 - \frac{2\sqrt{\hbar c_0 \boldsymbol{u}_0 \boldsymbol{k}^{-2} f_0^4}}{r^*} - \frac{1}{6} K c_0^2 r^{*2} \right] d\tilde{t}^2 - \frac{dr^{*2}}{1 - \frac{2\sqrt{\hbar c_0 \boldsymbol{u}_0 \boldsymbol{k}^{-2} f_0^4}}{r^* c_0^2} - \frac{1}{6} K r^{*2}}$$

(264)

avec, en traduction exotère, un potentiel d'attraction non divergent :

$$\boxed{\Phi_G = -\frac{2\sqrt{\hbar c_0 \boldsymbol{u}_0 \boldsymbol{k}^{-2} f_0^4}}{r^*} - \frac{1}{6} K c_0^2 r^{*2}} \qquad (265)$$

La loi ontologique de l'attraction universelle

L'écriture de la géodésique (264) révèle :

- d'une part, le potentiel d'attraction :

$$\Phi_G = -\frac{2\sqrt{\hbar c_0 \boldsymbol{u}_0 \boldsymbol{k}^{-2} f_0^4}}{r*} - \frac{1}{6} K c_0^2 r*^2 \qquad (266)\ ;$$

- puis la mise en évidence de la « faculté d'accélération » radiale $\frac{1}{3} K c_0^2 r*$ par $-\frac{1}{6} K c_0^2 r*$ sans que la **moindre masse** ne soit concernée dans l'accélération radiale (géométrie de Riemann), justifiant bien d'une divergence potentielle nulle (pas de cavitation), donc conservation de la stricte propriété du référentiel nouménal.
- D'autre part l'accélération radiale :

$$a = \frac{2\sqrt{\hbar c_0 \boldsymbol{u}_0 \boldsymbol{k}^{-2} f_0^4}}{r*^2} - \frac{1}{3} K r* c_0^2 \qquad (267)$$

Mais cette dernière formulation (267) ne peut pas être retenue dans le cadre obligé de la géodésique définie par

(263) et (264). Remarquons cependant que le calcul numérique fournit par (267), l'inégalité :

$$\left|\frac{1}{3}\mathrm{Kr}*\mathrm{c}_0^2\right| > \left|\frac{2\sqrt{\hbar \mathrm{c}_0 \boldsymbol{u}_0 k^{-2}\mathrm{f}_0^4}}{\mathrm{r}^{*2}}\right| \qquad (268)$$

avec $\boldsymbol{u}_0 \approx 7{,}563.10^{-36}\mathrm{m}^3$, $\mathrm{f}_0 = 10^{20}\Phi\mathrm{Hz}$, Φ étant un nombre de Fibonacci, très proche du Nombre d'Or $\frac{1}{2}\left(1+\sqrt{5}\right)$. Le paramètre accélération en sortant (267) de son « contexte géodésique » n'est donc **aucunement relié à la moindre masse**. On retrouve bien la cohérence du modèle où la géométrie de Riemann est obligée puisqu'aucune accélération ne saurait se produire en hypersphéricité : seul le plan osculateur euclidien transforme ce que je nomme « faculté d'accélération » (cf. (266) en accélération pure, ce qui est le stricte apanage de la macrophysique en géométrie euclidienne. Dans ces conditions, il est tout-à-fait légitime de traduire « faculté d'accélération » par : potentiel gravifique responsable de l'accélération radiale $a = \frac{1}{3}\mathrm{Kr}*\mathrm{c}_0^2$ (voir Annexe III).

La loi de Newton exprime ainsi une force :

$$\boxed{\mathrm{f} = \mathrm{m}a} \qquad (269),$$

expression générale de la sixième loi ontologique universelle, dont l'**origine** se trouve dans les propriétés noétiques du référentiel symplectique mais l'expression totalement révélée (269) dans le phénoménal. Encore une fois, cette loi se distingue par son extrême simplicité d'écriture.

Troisième partie

La septième loi ontologique

ESPRIT - INCRÉÉ

La loi mathématique de la Vie

Évaluation, introduction et prospective

Les six lois que j'appelle ontologiques et qui ont été établies dans les deux premières parties sont celles de la matière. Les trois premières (Einstein, Planck, De Broglie) doivent être établies « classiquement », telle que la physique nous l'apprend, c'est-à-dire par les dimensions qui gouvernent toute la matière (masse, énergie, quantité de mouvement, espace et temps). La loi associée qui synthétise les trois précédentes, celle de la mécanique ondulatoire (Schrödinger) peut être établie dans le référentiel symplectique donc hors-dimensions physiques (hors temps-espace). Il s'agit alors de **physique ondulatoire** – hors tous aspect mécaniste. En extrapolant en référentiel phénoménal, la loi devient « mécaniste » : c'est la mécanique ondulatoire, telle qu'Erwin Schrödinger l'avait (plus ou moins intuitivement) établie à partir des remarquables travaux (thèse de doctorat) de Louis de Broglie. J'ai dû remarquer que cette loi physique avait besoin, pour être avérée, de l'égalisation de l'énergie quantique à l'Information de translation de l'électron physique ou submicro-univers géométrique noétique de cet électron ; en d'autres termes, « communication » physique↔noétique par symétrie par rapport au « mur de lumière ».

électron	submicro-univers
•	◌ électron
E_{q_0}/μ_e	$E'_{20} = E_{q_0}/2$
(c_0^2)	$(3c_0^2)$
	$\dfrac{2E'_{20}}{\mu_e}$

↑ c_0, λ_B

Cette loi (électron libre) est ainsi « constituée » d'une « version noétique ». Les deux lois suivantes (électromagnétisme et gravitation) ont été établies quasi exclusivement par une démarche tensorielle fusionnelle en référentiel symplectique (physique noétique) au spin 1 (boso-photonique). Les équations de Maxwell sont apparues immédiatement après cette démarche en redonnant aux équations tensorielles leurs dimensions physiques respectives (restitution en phénoménal). En établissant la Fusion au spin 2, le calcul tensoriel, après aboutissement au « tenseur symplectique-nouménal » et à sa solution géodésique laisse apparaître un **potentiel attracteur** (dimension carré céique) dont l'accélération associée, conduit au champ de gravitation sans que la moindre masse ne figure dans les expressions. La notion du champ de gravité est, ainsi, universelle même si son existence ne peut s'exprimer qu'en phénoménal par le produit masse × accélération, donc la force, expression de la loi de Newton, la sixième loi ontologique d'après ma propre classification.

Arrivé à ce stade, il apparaît que la physique noétique a été largement introduite, bien que progressivement, au cours de ces deux parties. A remarquer que, pour bâtir ce chapitre de la Noétique, je me suis « appuyé » sur la physique classique avec les mêmes exigences rationnelles même si l'aspect expérimental devait « innover » dans son intégralité par l'**esthésiemétrie**, un domaine que j'ai mis une dizaine d'années à « domestiquer » et à étalonner pour que ses résultats soient ceux que l'exigence rationnelle est à même de devoir considérer comme un préalable absolu à toute démarche ultérieure.

Comment peut-on concevoir le référentiel symplectique-nouménal ? Il s'agit d'un référentiel hors-grave (N.G.), donc hors espace-temps ou mieux Fusion Espace←temps. Hors toute dimension physique, il est donc hors entropie : c'est le référentiel de l'Intelligence structurellement ontologique, informatif, nootropique-néguentropique, téléonomique et édificateur en complexité. C'est :

CONSCIENCE – ABSOLU. C'est INCRÉÉ.

Nul relativisme ne saurait donc concerner le symplectique-nouménal. Comment qualifier cet « état d'être » si ce n'est ESPRIT ? Si l'Esprit a toujours été le tabernacle de la théologie et le fondement de l'esprit philosophique, force nous incombe à commencer le déblaiement des croyances sans fondement qui avaient toujours accompagné et semblent accompagner plus que jamais, dans une sorte de « chant du cygne » historique, la fin de notre époque qui démythifie et démystifie de plus en plus la tragédie d'une humanité qui se précipite vers sa fin prochaine. Pour la première fois – me semble-t-il avec une assurance de plus en plus établie – est présentée la Résolution, non pas seulement intellectuelle mais vivante et qui devra s'incarner dans la Relève d'une humanité rénovée au « Jour d'après ».

Présenter Esprit en « Artis factum Matière » et, réciproquement, Matière en Artis factum Esprit ne relève de nulle fiction, mais relève bien de la RAISON. Seule la Science peut incarner la RAISON : la mathématique se révèle en arbitre… je vais le prouver, à l'instar de ce que j'ai prouvé au cours des deux parties précédentes et à l'instar de ce que l'Univers cosmologique ne cesse de nous prouver depuis l'instant où notre intelligence observatrice est entrée dans celle qui, depuis plus de treize milliards d'années, nous prouve sa fécondité édificatrice, des champs quantiques aux atomes, molécules, aux galaxies, astres et planètes, dans une expansion dimensionnelle foudroyante, du cristal à la molécule de la vie, ce celle-ci à la vie unicellulaire, puis neuronale… de l'amibe à l'homme, enfin.

De la CONSCIENCE-ABSOLU-INCRÉÉ à la Conscience de la psyché humaine, créatrice potentielle d'univers, de Sens et de la Finalité du Monde. Mais non, ce n'est pas de l'activisme mégalomaniaque ! Lorsque l'homme sera devenu Homme, lorsque l'Homme sera parvenu à la démiurgie, plus tard, beaucoup plus tard, le Sens et sa Finalité se manifesteront, car l'Homme incarnera alors le transfert de la potentialité en dynamique créatrice. Il ne pourrait pas agir autrement qu'en exprimant la Finalité parce qu'il sera devenu Finalité.

Séries et Nombres de Fibonacci. Le Nombre d'Or

Leonardo Pisano (Léonard de Pise (1170 – 1250) dit Fibonacci) fut un grand mathématicien italien. Il est à l'origine d'une série mathématique simple qui énonce une progression de nombres de sorte que chacun d'eux soit la somme des deux précédents. Ainsi, si n est le rang d'un nombre entier quelconque, il doit être tel que la somme de deux nombres de rangs respectifs, s'exprime par :

$$u_n = u_{(n-1)} + u_{(n-2)} \qquad (270)$$

L'idée d'une telle série lui est apparue alors qu'il cherchait sur le plan mathématique la loi obéissant à une prolifération de la reproduction des lapins. Ce détail amusant mais notoire quant à l'importance que cette série devait susciter peut s'exprimer selon la progression géométrique suivante. Soit une première génération G_1

d'un couple de lapins donnant uniquement naissance à leur tour, à un couple de deuxième génération G_{12}, puis à un couple de la troisième génération G_{13}. Le couple G_{12} donne naissance à une nouvelle troisième génération G_{123} et à une quatrième génération $G_{1234...}$ et ainsi de suite. Il en découle une prolifération que l'on peut mathématiser à travers la notion d'héritage génétique par la somme des « antériorités » telle que (270) le démontre et la croissance est très rapide. Ainsi, selon (270) :

$$\begin{array}{lll} \text{1ère génération} & : u_1 = 1 \\ \text{2ème} \quad '' & : u_2 = 1 \\ \text{3ème} \quad '' & : u_3 = u_2 + u_1 = 2 \\ \text{4ème} \quad '' & : u_4 = u_3 + u_2 = 3 \\ \text{5ème} \quad '' & : u_5 = u_4 + u_3 = 5 \\ \text{6ème} \quad '' & : u_6 = u_5 + u_4 = 8 \\ \text{7ème} \quad '' & : u_7 = u_6 + u_5 = 13 \end{array}$$

et ainsi de suite. L'essentiel consiste alors à comparer dans la suite, les rapports :

$$\varkappa_n = \frac{u_{(n+1)}}{u_n}.$$

On trouve pour les sept premiers, les rapport de Fibonacci suivants : $\varkappa_1 = \text{indéfini}$; $\varkappa_2 = 1$; $\varkappa_3 = 2$; $\varkappa_4 = 1{,}5$; $\varkappa_5 = 5/3$; $\varkappa_6 = 1{,}6$; $\varkappa_7 = 1{,}625$, etc. Dès les rapports se succédant à $\varkappa_{13}$, on trouve les valeurs irrationnelles : 1,6180... Dans mon ouvrage « La Refondation de l'humanité » (Publibook), j'ai exprimé la série principale de Fibonacci par le logigramme suivant :

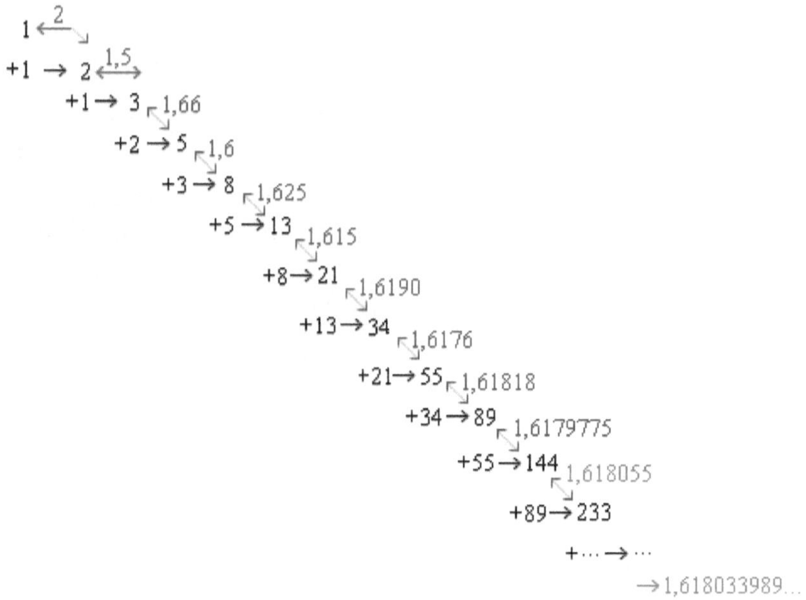

On obtient neuf valeurs stabilisées dans la suite irrationnelle à partir de u_{26} sous la forme 1,618033989... puis 31 décimales stabilisées pour des rapports beaucoup plus élevées :

	1,61803398874989484820458683436564...	(32 décimales)
dont l'inverse donne :	0,61803398874989484820458683436563 8...	

Plus précisément et d'une manière générale, si l'on pose un terme u de la série de Fibonacci, à un rang quelconque par :

$u_1 = \alpha$ (α étant une valeur numérique entière quelconque) et

$u_2 = \beta$ (β valeur numérique entière de u_2), on pose :

$u_3 = u_2 + u_1 = \beta + \alpha$;

$$u_4 = u_3 + u_2 = 2\beta + \alpha \ ;$$
$$u_5 = u_4 + u_3 = 3\beta + 2\alpha \ ;$$
$$u_6 = u_5 + u_4 = 5\beta + 3\alpha \, .$$
$$u_7 = u_6 + u_5 = (5\beta + 3\alpha) + (3\beta + 2\alpha) = 8\beta + 5\alpha \, ,$$

et ainsi de suite.

Si $\alpha = \beta = 1$, $u_7 = 13$ (sixième génération). Maintenant, si on pose le cas particulier d'une progression géométrique de raison Φ par $\alpha = 1$, $\beta = \Phi$ (lettre grecque Φ majuscule), on a :

$$u_3 = \Phi + 1 \ ; \ u_4 = 2\Phi + 1 \ ; \ u_5 = 3\Phi + 1 \, .$$

Dans ce cas, la « raison Φ » de progression oblige aux résultats : $u_3 = \Phi^2 (\text{soit } \Phi \times \Phi)$; $u_4 = \Phi^3 (\text{soit } \Phi \times \Phi \times \Phi)$; $u_5 = \Phi^4 (\text{soit } \Phi \times \Phi \times \Phi \times \Phi)$ ce qui donne :

$$\Phi^2 = \Phi + 1 \ ; \ \Phi^3 = 2\Phi + 1 \ ; \ \Phi^4 = 3\Phi + 2 \ ; \ \Phi^5 = 5\Phi + 3$$

Sélectionnons dans cette suite de calculs l'équation :

$$\Phi^2 = \Phi + 1 \, ,$$

qui s'écrit comme un trinôme algébrique :

$$\boxed{\Phi^2 - \Phi - 1 = 0} \qquad (271)$$

dont les pôles réels sont :

$$\Phi_1 = \frac{1}{2}\left(1 + \sqrt{5}\right)$$

$$\Phi_2 = \frac{1}{2}\left(1 - \sqrt{5}\right)$$

On constate facilement que, en posant $\Phi_1 = \Phi$, $\Phi_2 = -\frac{1}{\Phi}$, d'où l'expression fondamentale :

$$\boxed{\Phi - \Phi^{-1} = 1^{**}} \qquad (272)$$

Il convient de considérer l'unité indexée par deux astérisques comme un **Nombre cardinal** (voir Annexe I). L'expression (272) sera la formulation-clé de cette troisième partie. Je la considère, pour ma part, comme la plus importante parmi l'infinité des formulations dont les mathématiques regorgent. Bien entendu, j'y reviendrai.

Le pôle Φ_1 constitue le **Nombre d'Or**.

Le pôle Φ_2 constitue, selon Léonard de Vinci « sectia aurea », soit **Section d'Or**. L'astronome célèbre Johannes Kepler utilise le terme *sectio divina* pour désigner le Nombre Φ comme « joyau de la géométrie ». Constat important : les nombres u_n constituant les rapports de Fibonacci tendent vers le Nombre d'Or pour $n \to \infty$, mais, **puisque Irrationnels, ne sont pas Nombre d'Or**.

A signaler, en posant $\lambda = \Phi$, que (271) peut fournir le trinôme algébrique :

$$\lambda^2 - k\lambda - 1 = 0 \qquad (273)$$

avec $k > 1$. Les pôles sont tels que :

$$\lambda_1 + \lambda_2 = k \qquad (274)$$

mais le trinôme n'est plus doré. L'importance de cette relation est, cependant, très grande et est l'aboutissement d'autres séries de Fibonacci que celle que j'ai abordée ci-dessus (laquelle est la principale).

Une approche purement algébrique : initiation à la notion de gémellarité par le principe d'extension du Nombre irrationnel

Considérons d'abord, l'ensemble des nombres rationnels et fractionnaires sous l'égide d'une définition qui résume, à elle seule toute la Mathématique (STOLZ) : « ***La somme, la différence, le produit et le quotient de deux Nombres quelconques d'un ensemble sont des nombres du même ensemble*** ».

Puisque **tout**, sans exception, se trouve « dans le même ensemble », c'est que le Nombre irrationnel apparaît nécessairement en assemblant deux ou plusieurs nombres rationnels. Si l'« assemblage » forme un nouveau symbole, on a **fait naître un irrationnel d'un ensemble de rationnels** sous réserve que celui–ci considère **une infinité** de nombres déjà évalués dans cet ensemble. C'est ainsi que l'« irrationnel » a marqué d'une empreinte « fracassante » son entrée dans la Mathématique, dès le début de la géométrie de Pythagore et des travaux d'Archimède. Selon l'arithméticien Stolz, l'irrationnel c'est « *le point d'inflexion du développement de la science* ».

Soit donc le Nombre irrationnel comme la limite d'une suite infinie de Nombres rationnels sous la forme :

$$N = u_1 + u_2 + ... + u_n + ... \qquad (275)$$

A chaque valeur entière attribuée à n correspond la valeur déterminée de u_n. Le terme u_n étant **fonction** de son numéro d'ordre (indice n), la suite est rationnelle et **convergente** si, à chaque rationnel positif ε on peut faire correspondre le nombre n entier tel que :

$$-\varepsilon < u_p - u_q < \varepsilon \qquad (276)$$

ou encore :

$$|u_p - u_q| < \varepsilon \qquad (277)$$

pour toutes valeurs des entiers p, q égales ou supérieures à n. La différence entre deux termes de la suite décroît indéfiniment lorsque n croît indéfiniment. Considérons, maintenant, que la suite N ci–dessus a pour limite un Nombre rationnel R, tel que :

$$|R - u_p| < \varepsilon$$

pour toutes valeurs de $p \geq n$. Dans ce cas, le terme général u_n s'approche indéfiniment de R, donc **tend** vers la limite R lorsque n croît indéfiniment. Pour $R = 0$, on a : $|u_p| < \varepsilon$. Donc, toute suite de Nombres rationnels a pour limite **zéro**, si, à chaque positif ε on peut faire correspondre un nombre entier n, tel que pour tout $m > n$, les termes de la suite demeurent inférieurs en valeur absolue à ε. Le terme général $u_n \to 0$ pour $n \to \infty$. Toute suite ayant une limite est donc convergente. La réciproque est vraie. Considérons, maintenant, la situation importante suivante : rangeons dans une classe (A) tous les Nombres rationnels a_i tels que tout terme de la suite finisse après un certain rang n à définir l'inégalité $a_n > a_i$. Rangeons ensuite dans une classe (B) tous les Nombres rationnels b_i tel que, selon la même considération que pour les nombres a_n, on ait $b_n > b_i$. Les deux classes rationnelles ainsi formées dans une seule suite, de part les caractéristiques différentes des « connectiques » entre le classes (A) et (B), seront reliées par une **suite** (« chaîne ») de nombres du même ensemble, telle que la différence entre deux Nombres consécutifs α_i et β_i soit plus petite que tout nombre ε donné : $\alpha_i - \beta_i < \varepsilon$ et détermine alors la **continuité** de l'ensemble (A) et (B) : **à cette continuité correspondent des nombres irrationnels** $\{\alpha;\beta\}$ **associés**. Il en découle le théorème.

Théorème :

Toute suite rationnelle de nombres classés selon deux classes (A) et (B) différentes lorsque $a_n\{A\} > a_i\{A\}$ et ***$b_n\{B\} > b_i\{B\}$ et pourvu que les termes généraux $u_n(a,b) \to 0$ pour $n \to \infty$ rendent la suite convergente, détermine l'apparition de Nombres irrationnels comme limite d'une suite infinie de Nombres rationnels.***

Le « Principe d'extension » ontologique du Nombre irrationnel

Envisageons un « Principe d'extension » du Nombre irrationnel, entendu et conçu de manière différente de celui envisagé de manière classiquement arithmétique. Il s'agi d'un principe ontologique, issu du théorème ci–dessus et relié à l'un des énoncés les plus féconds de J. STOLZ, énoncé ci–dessus, a savoir que **somme, différence, produit et quotient de deux Nombres d'un ensemble sont des nombres du même ensemble**.
C'est ainsi que la différence de deux Nombres n'a de sens que si les deux nombres sont inégaux et si leur ordre reste indéfini :

$a-b$ si $a>b$ et

$b-a$ si $a<b$.

Dans ce cas, le zéro n'existe pas et l'égalité $a=b$ en exclut l'existence. Mais l'usage des mathématiques a relativisé l'Absolu pour des raisons existentiellement spatiotemporelles en « inventant » le « négativisme par rapport à... ». Ce qui donne à la nullité ses indispensables lauriers de nombre « mystérieux ».
Dans l'extension, on trouve le lemme suivant :

« Soit A un nombre donné, B un nombre quelconque. Les deux nombres A et B appartenant au même ensemble ; donc le nombre somme A + B appartient à l'ensemble » en vertu de l'énoncé de Stolz. Dans ce cas, le nombre $N = A + B > A$.

L'initiation au Principe de Gémellarité

Le mot « gémellarité » (d'appellation « non contrôlée » par l'instance extérieure) est de l'auteur de ces lignes. Mais... nous allons voir que le contrôle en question « non appelé » est d'une Stature ontologique que je n'hésite pas à « appeler » (encore !) SUPRÊME (j'ai consacré beaucoup de « dissertations » à ce sujet).

Cherchons le plus petit nombre entier qui soit plus grand qu'un nombre donné. Envisageons le cas :

Nombre donné : A est un entier n. Le plus petit entier qui soit plus grand que n est, évidemment : $n+1$.

Considérons, maintenant, la fraction $\frac{m}{n} = A$. Si l'on extrait les entiers α contenus dans la fraction, le nombre demandé devient : $\alpha + 1$. Puisque la division m/n donne :

$$\frac{m}{n} = \alpha + \frac{r}{n} \qquad (278),$$

r étant le reste de la division, on a, en multipliant tout par n :

$$m = n\alpha + r$$

(m, n, α entiers) où $r < n$ ou encore : $\frac{r}{n} < 1$. On en déduit bien :

$$\alpha < \frac{m}{n} < \alpha + 1 \qquad (279)$$

Mais… décidons, maintenant, du cas particulier :

$$n = \alpha = \lambda \;;\; m = k\lambda \;\; (k \text{ entier} > 0)$$

et $r = -1$.

L'égalité (111) s'écrit alors :

$$\frac{k\lambda}{\lambda} = \lambda - \frac{1}{\lambda}$$

d'où $k\lambda = \lambda^2 - 1$, avec, a priori :

$$k = 1 \;;\; 2 \;;\; 3 \;;\; \ldots \;;\; \infty.$$

On obtient le binôme algébrique :

$$\boxed{\lambda^2 - k\lambda - 1 = 0} \qquad (280)$$

de pôles : $\lambda_1 = \frac{1}{2}\left(k + \sqrt{k^2 + 4}\right)$

et

$$\lambda_2 = \frac{1}{2}\left(k - \sqrt{k^2 + 4}\right)$$

Je définis le **Principe de Gémellarité**, **Finalité absolue** du principe d'extension par la somme des deux Nombres irrationnels a priori, λ_1 et λ_2, soit :

$$\boxed{\lambda_1 + \lambda_2 = k} \qquad (281)$$

Le cas **très** particulier $k = 1$ fournit la GÉMELLARITÉ DORÉE (appellation provisoire) par le Nombre d'Or :

$$\lambda_1 = \Phi = \frac{1}{2}\left(1 + \sqrt{5}\right) \; \lambda_2 = -\Phi^{-1} = \frac{1}{2}\left(1 - \sqrt{5}\right).$$

Dans mes derniers ouvrages, je considère l'égalité :

$$\boxed{\Phi - \Phi^{-1} = 1^{**}} \qquad (282)$$

comme le « Mot » de la **Finalité universelle**, le GRAAL accompli (l'astérisque accolé à l'unité signifie Fusion Espace ← temps et est un Cardinal). Ainsi, la Symbolique des Nombres est la seule à pouvoir définir le « canevas » d'ÊTRETÉ de l'Univers, non seulement à son sens cosmologique, mais aussi (et surtout) à son « Sens cosmique–Ordre », selon la Gnose, la Connaissance ultime, donc à son Sens de l'Homme qui s'Accomplit dans ses neurones, synapses cellules, organes, psyché, dans sa Genèse émergente vers l'Ordre.

Pour : $\lambda_1 + \lambda_2 = k$, on a la première « image structurelle » :

$$\boxed{\lambda - \lambda^{-1} = k} \qquad (283)$$

puis la deuxième « image ordinale » :

$$\lambda_1\lambda_2 = \frac{1}{4}\left(k + \sqrt{k^2 + 4}\right)\left(k - \sqrt{k^2 + 4}\right)$$

soit :

$$\boxed{\lambda_1\lambda_2 = -1} \qquad (284)$$

En fin de compte, l'appellation mathématique (provisoire) proposée sera :

Gémellité structurale–cardinale : $\Phi_1\Phi_2 = \Phi\left(-\Phi^{-1}\right)$
soit :

$$\boxed{\Phi\Phi^{-1} = -1} \qquad (285)$$

et : $\boxed{\Phi - \Phi^{-1} = 1**}$

Gémellité ordinale–structurale : $\lambda_1\lambda_2 = -1$ ou

$$\boxed{\begin{array}{l}\lambda\lambda^{-1} = -1\\ \lambda - \lambda^{-1} = k\,(1;2;3;...;k)\end{array}}$$

Que nous apprend l'initiation ? Que la somme algébrique de (281), pôles du binôme (280), somme de **deux irrationnels**, fournit **un entier rationnel**. Et… pas n'importe lequel. Par exemple, pour $k = 1$:

$$\Phi_1 = \frac{1}{2}\left(1 + \sqrt{5}\right) = 1{,}618033989... \text{ (neuf décimales)}$$

$$\Phi_2 = \frac{1}{2}\left(1 - \sqrt{5}\right) = -0{,}618033989... \text{ (neuf décimales).}$$

Somme algébrique : 1,000000000... (pour les neuf décimales).
En poursuivant avec un calculateur, donnant à un moment donné n décimales (aussi grand que l'on veut), la somme sera : 1,000… n décimales. La rigueur est absolue puisque,

sous sa forme strictement mathématique, les pôles sont tels que $\lambda_1 + \lambda_2 = k$ (entier rationnel). Les deux Nombres d'Or Φ_1 et Φ_2 sont ainsi, jumeaux. La Gémellité structurale est ainsi :

- cardinal ($k = 1$ mais il conviendra de s'appesantir au propos « cardinal » : voir Annexe I)
- ordinale ($k > 1$ par valeurs entières).

Pour expliquer le Nombre irrationnel, la théorie officielle, initiée par Dedekind et J. Tannery au dix–neuvième siècle, n'a su faire autrement que procéder par « coupure » d'un nombre rationnel. La théorie, éprouvée, est conforme et exacte, mais manque d'élégance, voire de pertinence. Pour « rattraper » l'indispensable continuité dans la théorie, que de « contorsions » intellectuelles semblent nécessaires ! Dès le paragraphe précédent, j'ai pris une autre direction. Bien m'en a pris. Dans le cas très particulier de la Gémellarité, toute « coupure » disparaît ; la fraction décimale des pôles du binôme algébrique étant irrationnelle, le nombre irrationnel « est » infini, au sens exact du terme. Mais la somme algébrique des deux pôles fournit exactement un entier, donc rationnel. De l'« **instabilité fonctionnelle** » irrationnelle naît la **stabilité fonctionnelle** rationnelle. Car les deux nombres irrationnels du pôle pour toute valeur entière k du binôme forment un couple gémellé (jumelé) dont le résultat est précisément k. Du « deux » (irrationnels) est fait l'UN (rationnel) !

J'affirme, quant à moi, après plusieurs ouvrages de physique noétique ayant utilisé la « curiosité jumelle », que la gémellarité du Nombre irrationnel dans la situation particulière qui en est à l'origine, constitue l'ORdre universel de l'Univers et que l'**Information noétique** contenue dans l'ordonnancement de chaque décimale… jusqu'à l'infini mathématique, se retrouvant « fécondée » par gémellité, précisément, dans l'Unicité fusionnelle 1*, en constitue le « moteur » de toute genèse morphique (symplectique puis phénoménale) associée.

Pour preuve… de l'importance phénoménologique soulevée et étudiée, ici, dans ses fondements, depuis la nuit des temps, par des intuitions plus ou moins exotéristes que nous laissent certains écrits ayant franchi l'« oubli » du temps, le « mythe–Nombre d'Or » a manifesté ses « offices » (cf. Annexe I de « N'–Théorie » J. S. Publibook, 2007). L'exemple le plus pertinent me semble le suivant. Le cytosquelette des neurones (voir ci-après) de toutes les créatures vivantes multicellulaires est, morphologiquement, basé sur le rapport $8/5 = 1{,}6$ $5/8 = 0{,}625$, les deux seuls rapports rationnels par lesquels débute la série de Fibonacci de formulation générale :

$$u_n = u_{(n-1)} + u_{(n-2)} \qquad (286),$$

menant pour $u \to \infty$ au Nombre d'Or :

$$\varphi_n = \frac{u_{(n+1)}}{u_{n \to \infty}} \to \Phi \qquad (287)$$

Le cytosquelette neural est défini par : $u_5/u_6 = 5/8$, privilégiant, pour organiser la vie directement incarnée, la **stabilité rationnelle** (u_5/u_6 ; u_6/u_5) au détriment de la **richesse irrationnelle** informative mais **instable**. Il n'est pas impossible que l'antinomie entre stabilité fonctionnelle et richesse irrationnelle soit la cause, initialement ontologique, de l'apparition sporadique (très rares, néanmoins) d'aberrations génétiques. En effet, l'Unicité, de :

$\Phi - \Phi^{-1} = 1$** (INCRÉE) constitue la Perfection (hors espace–temps, hors incarnation) de l'Univers et de ses conceptions phénoménologiques infinies. Or, avec u_5/u_6, la somme :

$$1,6 - 0,625 = 0,975 \neq 1**$$

ne vérifie pas la Fusion de l'Espace ← temps. Cette vérification étant mathématiquement impossible (la stabilité incarnative prime !), toute incarnation matérielle ne saurait s'élaborer que physiquement, donc **dans** l'espace–temps. D'où l'antinomie « apparente » entre l'ABSOLU et la Manifesté, ce qui n'est pas sans conséquences.

L'apparition de la vie

Évoquée à son sens le plus simple, mais peut–être le plus important, la problématique de la vie se décline par la question : comment et pourquoi, à partir de l'électron quantique, la vie est–elle apparue, comment et pourquoi la montée en complexité a–t–elle été et restera l'apanage le plus grandiose des apparences infiniment diversifiées de l'incarnation ? Si ces questions « ultimes » de nature profondément philosophique, n'ont pas cessé de se poser « au centre » de mes ouvrages, de ma propre vie et de mon œuvre scientifique, elles doivent être ramenées auparavant à leur dimension précise d'un passage de la vie balbutiante aux prémices de la vie projetant son développement jusqu'à l'évolution que nous devons considérer comme ultime : l'homme. Georges Cuvier, le chevalier de Lamarck, et, bien plus près de nous, l'inoubliable Jean Rostand avaient tracé la route. De l'« exploration des cavernes », lampe de mineur haut placée, jusqu'aux laboratoires sophistiquées et leurs fantastiques explorations ultramicroscopiques protoniques au bout de la rétine, c'est la confection des voies « émerveillées » qui partent de l'aube des savoirs pour ambitionner la Connaissance, c'est la torche fumigène jusqu'à l'éclat des soleils confondant l'univers de la vie au sein de révélations à venir dont nous ne savons que tracer encore de très maladroits contours.

L'amibe, organisme vivant rudimentaire a fait les « délices » des écoliers de naguère, à une époque où l'école avait fait sienne la noblesse des apprentissages fondamentaux. C'est un « animal » unicellulaire, vivant dans l'eau douce et salée pourvu d'un noyau, organelle centrale de commande, de trois cavités (vacuoles, contractile et digestives), d'une membrane plasmique (« ancêtre » de notre peau), d'un endoplasme en relation avec le noyau, d'un ectoplasme, partie superficielle vitreuse et de **pseudopode**. Le pseudopode sert à la locomotion de l'amibe : c'est le **cytosquelette**. L'amibe (du grec *amoibê* signifiant transformation) est un protozoaire simple, dont la taille varie de 20 µm à 500 µm, voire 1 millimètre. Ses multiples déformations lui permettent de se déplacer : elles sont le fait du cytosquelette.

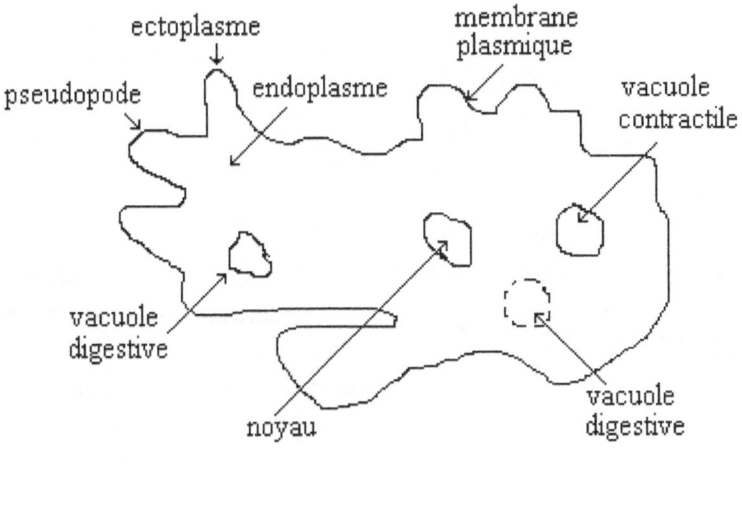

L'amibe est l'espèce même de la simplicité : organisme non–photosynthétique, sa reproduction est asexuée (fission binaire) et elle se nourrit par phagocytose. L'absence de photosynthèse, reproduction par scissiparité, nourriture prédatrice par phagocytose, tous éléments réunis avant la grande édification en complexité. Les amibes, de par leur constitution rudimentaire, sont à la recherche d'« hôtes » plus évolués où elles ont tendance au parasitage. Certaines sont redoutables ; ce sont les amibes pathogènes dont, parmi les plus virulentes, on trouve la **naegleria fowleri** responsable de la très rare mais pathologie radicalement mortelle pour l'homme : une méningo-encéphalite amibienne primitive et foudroyante : le cerveau est quasiment « dévoré ». Cette dernière amibe se plaît dans les eaux tièdes.

L'animal primaire fruste, « à peine digne » de la vie... mais capable de détruire la vie hautement sophistiquée.

L'amibe est, ainsi, un animal aux organes réduits à leurs plus simples expressions mais « multifonctions ». A ce sujet, l'aspect le plus significatif en est le cytosquelette : c'est l'ancêtre du squelette des vertébrés. Nous allons voir en quoi le cytosquelette est si important.

L'autre exemple unicellulaire est la **paramécie**. C'est un animalcule de taille approximativement égale à celle de l'amibe, pourvu d'une sorte de « sourcils » enveloppant sa membrane grâce à laquelle elle se déplace en eaux douces. Elle se délecte de bactéries, détecte les dangers. La paramécie, comme l'amibe, doit être considérée comme une structure de contrôle faisant partie du cytosquelette. Celui–ci est la « charpente » qui maintient la forme de la cellule et a bien d'autres fonctions. Les cils, par exemple, sont les terminaisons de **fibres cytosquelettiques**. La mono cellule, ainsi, doit être comprise comme un organe dont le cytosquelette est une **combinaison multiple** de squelette (au sens que nous en avons), de système circulatoire, de système nerveux et de système musculaire, le tout réuni dans une même et unique cellule, sans qu'il s'agisse de squelette (à nos sens), de circulation, de nerfs (puisque ni synapses, ni neurones) de muscles, donc de « podes » (c'est pourquoi le terme **pseudo** podes est utilisé). Amibe et paramécie doivent être considérés comme nos ancêtres premiers puisqu'ils ont été – et sont toujours – les représentants « expérimentalement informatifs » de ce que nous sommes des centaines de millions, voire des milliards d'années plus tard devenus, mais à un stade infiniment plus évolué. Expérimentalement informatifs ? Dans ces conditions, le **neurone** en est le **résultat premier**. Le neurone est une **cellule individuelle**. Donc chaque neurone possède son **propre** cytosquelette ! Information magistrale ! Le cytosquelette chez la paramécie et l'amibe contient l'« Information–neurone ». En retour, le neurone aurait « incarné », en conséquence, son cytosquelette. Holographisme biologique : le « tout »–cytosquelette contient l'information « neurone » et ce dernier révèle le cytosquelette en retour ! Si l'Information–neurone est une partie de la « photographie–cytosquelette », l'hologramme de celle–ci contient la « photographie–cytosquelette ». A son tour, l'hologramme d'une partie de cette dernière révèle le neurone. Avec les centaines de millions d'années de Mémoire géologique génétique, comment ne pas admettre que chaque neurone pourrait être doté d'un « système nerveux » à travers le neurone appartenant à l'espèce biologique, voire à l'individu s'agissant de l'homme ?

C'est là un postulat extraordinaire, soutenu par nombre de spécialistes en nano sciences biologiques.

L'organisation interne du cytosquelette révèle une structure à base protéinée dont les molécules sont arrangées en de minuscules tubes creux cylindriques d'environ 14 nanomètres de diamètre interne et de 25 nm de diamètre externe (14.10^{-9} m et 25.10^{-9} m respectivement). Les cils de la paramécie révèlent ce genre de structure. On les appelle **microtubules**. Le noyau du cytosquelette contient le **centriole** et constitue un centre organisateur, appelé **centrosome**. Ce centre semble avoir un rôle fondamental dans la division cellulaire nommée **mitose** pour la division des chromosomes via les brins d'ADN présents dans le noyau.

Lorsque la série de Fibonacci se mêle de la partie

Le microtubule est un polymère protéique, assemblage de paires de protéines globulaires disjointes appelées α–tubuline et β–tubuline, chacune d'elles étant composées d'environ 450 molécules d'acides aminés, mesurant environ $8\text{nm} \times 4\text{nm} \times 4\text{nm}$, de nombre atomique 11.10^4.

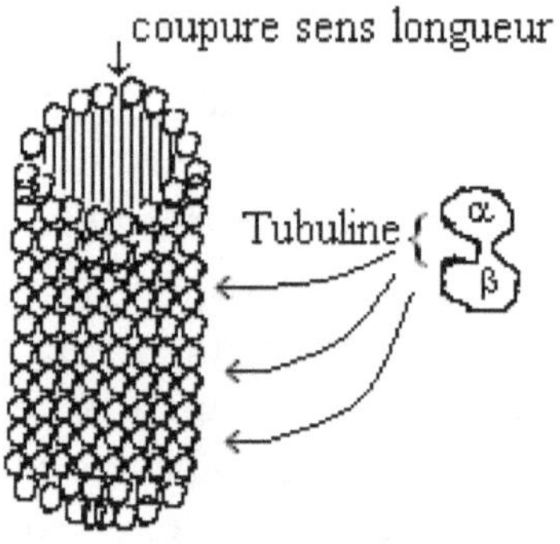

Treize faisceaux de tubulines (α), (β) conforment le cylindre microtubule, chaque tubuline mesurant 8 nm. En stylisant chaque tubuline sous la forme d'un micro parallélépipède et en coupant le microtubule dans le sens de la longueur, l'étalement de l'organite sur un plan donne la configuration suivante.

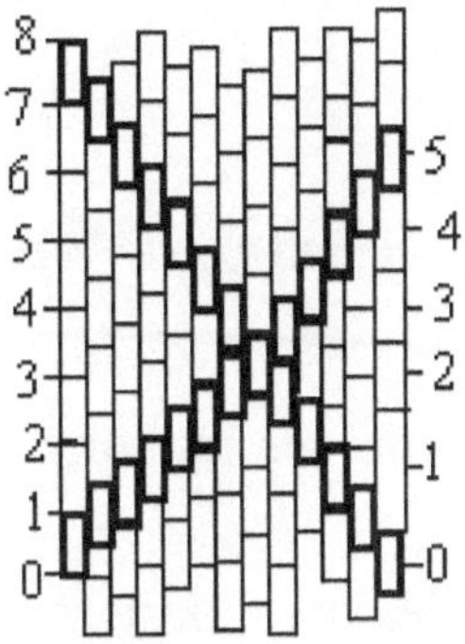

La constitution de la microtubule est élaborée selon deux inclinaisons en « tête–bêche » des tubulines à partir des deux niveaux « 8 » (inclinaison ↖↘) et « 5 » (inclinaison ↗↙)[*]. J'ai développé dans l'Annexe I de « N'–Théorie », la théorie et la géométrie des suites de Fibonacci avec leurs applications observées dans la Nature. Nous constatons, dans la constitution de la microtubule, que les rapports $8/5 = 1{,}6$ et $5/8 = 0{,}625$ sont « à l'honneur ». En plus, le nombre $13 = 5 + 8$ qui est la 7ème position des nombres dans la suite a été définie dans la relation ontologique de la Démiurgie (cf. 2e partie de l'op. cité) par $\Phi = 10^{e/13}$, e étant la base népérienne des logarithmes naturels.

Ces constats sont simplement extraordinaires.

La série dite de Fibonacci (Leonardo de Pise) ne commence vraiment qu'à partir de la quatrième « génération » par :

$$\boldsymbol{u}_4 = u_5 / u_4 = 1{,}666...67... \quad (u_4 / u_5 = 0{,}6)$$

(*) « Ultimate Computing : Biomolecular Consciousness and Nanotechnology (1987) » Stuart, Hameroff (revue Nanobiology) ; « Information processing in microtubules (1982) » Hameroff, Watt (J. Theor. Biol.)
« Chi : a neural hologram ? » (1974) Hameroff (Am J. Clin. Med. 163-170)

Pour :

$\varkappa_5 = u_6/u_5 = 1{,}6$ (rationnel) et $u_5/u_6 = 0{,}625$ (rationnel).

Pour toute la suite infinie, les rapports $\varkappa_n = \frac{u_{n+1}}{u_n}$ tendent, de plus en plus vers les « rapports dorés » $\frac{1}{2}(1+\sqrt{5})$ et $\frac{1}{2}(1-\sqrt{5})$ par valeurs irrationnelles sans jamais pouvoir atteindre, bien entendu, la « valeur inexistante » (car irrationnelle). Pour $n \to \infty$, les Nombre et Section d'Or sont pratiquement atteintes, mais non théoriquement. C'est pourquoi, seul le CARDINALAT GÉMELLAIRE est Sens.

Pratiquement, pour $n = 27$, jusqu'à la dixième décimale, on obtient :

$$\varkappa_{26} = \varkappa_{27} = 1{,}6180339887... = (317811/196418)$$

et le rapport inverse :

$$0{,}6180339887...$$

La gémellarité appliquée et explication proposée de l'origine ontologique de la vie

On constate bien que $(n = 10))$: $F_1 - F_2 = 1$ (mais pour seulement dix chiffres décimaux).
L'extraordinaire consiste dans l'observation de la vie végétale, florale ou des crustacés : les rapports proches de 1,618... et 0,618... ont « grand succès » dans les développements et structures de la vie. Pourquoi ? De

grands physiciens « ouverts » (tel l'Américain Roger Penrose) proposent, à ce sujet, de « grandes » réponses (tout en restant dans l'hypothèse). Penrose n'hésite pas à évoquer des comportements téléonomiques rudimentaires (ce qu'il convient de saluer pour l'ouverture d'esprit) ou de rappeler l'hypothèse de Fröhlich – les condensats de Bose–Einstein – permettant d'imaginer l'« invraisemblable » comportement pseudo (ou méta) quantique neuronale du cerveau. Mais ces hypothèses, pour intéressantes qu'elles paraissent, ne répondent nullement aux interrogations fondamentales si l'on se contente – une fois de plus – de persister à quêter au sein de l'espace–temps. Pourquoi ce « Nombre doré – 1,618… » et pas un autre ? J'affirme, quant à moi que la réponse fondamentale réside dans le Cardinalat gémellaire :

$$\mathfrak{C} = 1^{**}, \text{ (voir Annexe I)}$$

et cette réponse, purement mathématique, vaut pour le quantique–noétique Fusion E.T. convolinvolué « boson fermion–fermion » comme pour son holomorphe Fusion E.T. hyperNoétique « ADN–Synaptique neurale ».

La « réponse cytosquelettique » neuronale par Investiture de Cohérence

Il existe, en effet, une magnifique et fantastique Réponse de la Nature au Nombre, considéré dans son infinie Transfinitude : celle de la Vie, dont le cytosquelette neuronal est le « siège ».

Dans « N'–Théorie » j'ai parachevé la théorie de la Co–Fusion Espace ← temps nouménal dont le tableau ci–dessous (II–282) est un lexique résumé (cf. Lexique II, voir site) : il convient de considérer l'HyperNoétisation cellulaire dans l'organisme de l'Homme probable du Futur comme un générateur (Hors–Temps–Espace) d'ondes planes « I.C. » symplectiques mesurables par esthésiemétrie en espace pseudo-euclidien (symbolisé par le rectangle à gauche de la représentation ci–dessous $CO - \mathfrak{F}$ (voir Annexe II pour établissement théorique de ces rayonnements cohérents du référentiel symplectique).

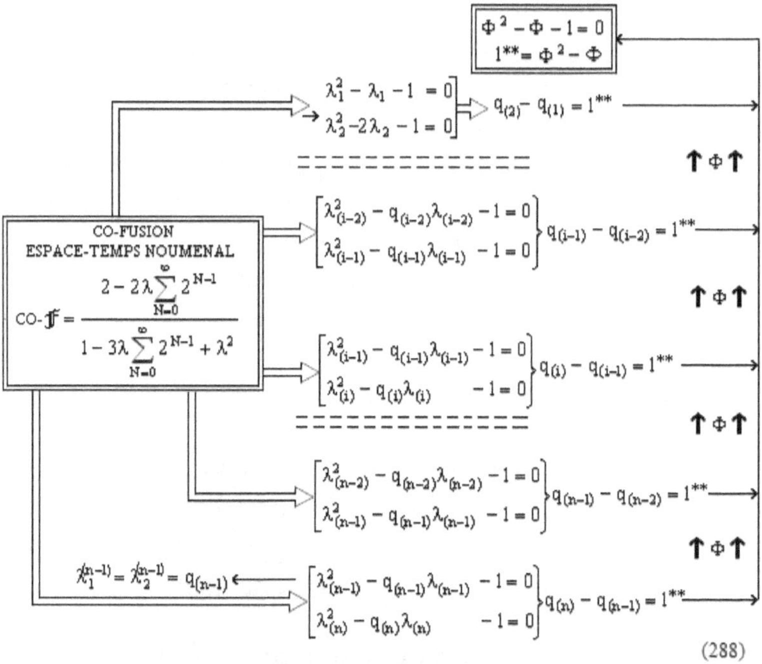

(288)

La relation Co–Fusionnelle est implicite et enferme une infinité de solutions exprimées par (288) dans « Gnosis noétique et métaphysique » (avec $F_0 = CO - \mathfrak{F}$), mais s'explicitant naturellement sous la forme trinôme en d'infinies variétés de $q_{(i)}$. J'appelle toute quantification unitaire de type $q_{(i)} - q_{(i-1)} = 1^{**}$ un **« canal » d'investiture de cohérence** puisque celui–ci étant présenté numériquement par l'ordinal fusionnel en Cardinalat 1**, il crée un espace symplectique

$\left\{ \mathfrak{G}_{\infty} = \Phi^2 - \Phi = 1{**} \right\}$ propre à la quantification nouménale de (i) en $(\mathrm{i}-1)$, transformant la non–localisation nouménale en pseudo–localisation symplectique locale : il y a accroissement d'investiture–conscience symplectique à partir d'Absolu nouménal et la théorie de la fusion électromagnétique montre que l'onde plane qui accompagne l'investiture est une cohérence électromagnétique symplectique se déployant dans l'espace euclidien.

De proche en proche, la quantification nouménale bosonique par :

$$\mathfrak{G} = q_{(\mathrm{i})} - q_{(\mathrm{i}-1)} = 1{**}$$

« suscite » ce que je nomme **Investiture de Cohérence mathématique** et va constituer la « réponse » en question. Considérons donc le rapport (le seul intégralement) rationnel de Fibonacci, celui du cytosquelette neuronal, soit :

$$8/5 = 1{,}6 \ ; \ 5/8 = 0{,}625 .$$

La gémellité n'est pas respectée car : $1{,}6 - 0{,}625 = 0{,}975$ par :

$$\lambda_{F_1} - \lambda_{F_2} = 0{,}975$$

① Écrivons le trinôme marqueur « dégénéré » sous la forme :

$$\lambda^2 - F\lambda - 1 = 0$$

avec $F = \{F_1 ; F_2\}$ et ses pôles :

$$\lambda_{F_1} = \frac{1}{2}\left(F_1 + \sqrt{F_1^2 + 4}\right) \text{ et } \lambda_{F_{21}} = \frac{1}{2}\left(F_2 - \sqrt{F_2^2 + 4}\right)$$

On calcule :

$$\lambda_{F_1} = \frac{1}{2}\left(F_1 + \sqrt{F_1^2 + 4}\right) = 1{,}6$$

d'où successivement :

$$\sqrt{F_1^2 + 4} = 3{,}2 - F_1 \ ; \ F_1^2 + 4 = (3{,}2 - F_1)^2$$

ce qui fournit :

$$\boxed{F_1 = 0{,}975}$$

Puis, pour la deuxième racine :

$$\lambda_{F_{21}} = \frac{1}{2}\left(F_2 - \sqrt{F^2 + 4}\right) = -0{,}625$$

En procédant comme précédemment (pour F_1) on trouve, comme prévu :

$$\boxed{F_2 = -0{,}975}$$

d'où le trinôme algébrique :

$$\boxed{\lambda_F^2 - 0{,}975\lambda_F - 1 = 0},$$

de racines :

$$\lambda_{F_1} = \frac{1}{2}\left[0{,}975 + \sqrt{(0{,}975)^2 + 4}\right] = 1{,}6$$

$$\lambda_{F_2} = \frac{1}{2}\left[0{,}975 - \sqrt{(0{,}975)^2 + 4}\right] = -0{,}625$$

② L'Investiture de Cohérence est déterminée, primordialement par l'inégalité $\mathcal{N}_g < F < \mathcal{N}_h$ avec $h = g + 1$.

Puisque $F = 0{,}975 < 1$, $g = 0$, d'où $h = 1$. Donc, l'investiture « accroche » le Nombre par le trinôme « doré » par :

$$\lambda_h^2 - \mathcal{N}_h \lambda_h - 1 = 0$$

avec $\mathcal{N}_h = 1$ de pôles dorés connus :

$$\left\{\lambda_h\,; -\lambda_h^{-1}\right\}$$

de sorte que :

$$\lambda_h - \lambda_h^{-1} = h$$

puis :

$$\lambda_{F_1} - \lambda_{F_2} = F$$

Par définition :

③ I.C.= $\left[\left(\lambda_{F_1} - \lambda_{F_2}\right) + \left(\lambda_h - \lambda_h^{-1}\right) - \left(\lambda_{F_1} - \lambda_{F_2}\right)\right]$.

« L'élément–acteur » $\left\{\lambda_{F_1}\,; \lambda_{F_2}\right\}$ disparaît, si bien que :

$$\text{I.C.} = \lambda_h - \lambda_h^{-1} = \Phi - \Phi^{-1} = \frac{1}{2}\left(1 + \sqrt{5}\right) + \frac{1}{2}\left(1 - \sqrt{5}\right) = 1^{**}$$

④ On démontre ainsi que toute activité **subtile**, suite au Nombre de Fibonacci : $\varphi_n = \frac{u_{n+1}}{u_n}$ soit $\varphi_5 = \frac{u_6}{u_5} = 8/5 = 1{,}6$, prise par le théorème de l'I.C. soit $I.C. = 1^{**}$ « guide » à la Gémellité par le PRÉSENT–CONTINU TRANSFINI (Fusion Espace ← temps en convolution holomorphe HyperNoétique) : le Cardinalat gémellaire est restitué par :

$$\boxed{\mathfrak{G} = 1^{**}}$$ (voir Annexe I)

Tout se passe comme si, subtilement, un calcul **instantané** (Hors–Temps–Espace) fournit le Transfini gémellaire, le CARDINALAT ABSOLU 1** à partir du seul couple « initiateur » : $u_6 = 8$; $u_5 = 5$. A admirer la « stratégie » impeccable de la Nature : le choix {8 ; 5} est le seul qui permet, dans l'incarnation du vivant, l'assurance de la stabilité énergétique (informative) car les rapports φ_5 et φ_5^{-1} sont les seuls qui soient rationnels. Pour la « Fécondation » ultérieure de toutes les conséquences Transformatrices suite à la morphogenèse associée, c'est le Cardinalat 1** qui CRÉE. Or, seul, le Cardinalat, puisque INCRÉÉ/ABSOLU « initie », en retour, la CRÉATION morphogénétique à la perfection exigée (par 1**), ce que le nombre ordinal 0,975 ne peut jamais réussir. Double démonstration est ainsi faite :

- la vie dans ses infinies manifestations incarnées, à la richesse infinie, est une « obligation universelle première » ;
- l'Accomplissement futur de l'homme contingent en Noéticanthrope est la deuxième « obligation universelle ».

INCRÉÉ/ABSOLU : ESPRIT

Pour un postulat noétique fantastique : la septième loi ontologique exprime l'Incréé-Esprit

Nous nous sommes familiarisés avec la notion du cardinal gémellaire sous la forme 1**, issue du Couple doré $\{\Phi_1, \Phi_2\}$. Nous venons d'accéder à une information capitale et inédite : la structure du cytosquelette multitubulaire de la cellule répond au premier rapport « efficace » de la série de Fibonacci par lequel, d'ailleurs, celle-ci s'avère en tant que série : $\mathcal{U}_5 = u_6/u_5 = 8/5$ (d'où aussi $u_5/u_6 = 5/8$). Ce sont les deux seuls rapports rationnels (1,6 et 0,625) de la série. La série de Fibonacci est célèbre et non seulement pour ses propriétés mathématiques exceptionnelles (pour $n \to \infty$, Nombre et Section d'Or dont la somme algébrique initie le jumelage irrationnel en tant que traducteur du rationnel). Les Nombres de Fibonacci résultant des rapports $\mathcal{U}_5$ et $\mathcal{U}_{10}$ apparaissent fréquemment dans beaucoup de systèmes biologiques. Les fleurs de tournesol, les troncs de palmier, les pommes de pin, pour ne prendre que les végétaux parmi ceux qui illustrent le mieux mon propos, possèdent dans leurs géométries respectives des interpénétrations d'hélices spiralées tantôt dextrogyres tantôt lévogyres dans lesquelles le nombre de rangées correspondant aux deux orientations (lévo-dextrogyres), sont habituellement constituées de 5 à 8 arrangements respectivement lévo-dextrogyres (à l'image des orientations microtubulaires).

En particulier, pour ce qui concerne la fleur de tournesol, les régions périphériques contiennent 55 spirales dans le sens trigonométrique et 89 dans le sens des aiguilles d'une montre. Le dixième rapport $55/89 = 0{,}617977528...$ est le résultat de Fibonacci exact du rapport u_{10}^{-1}. Ce résultat est près du Nombre d'Or $\frac{1}{2}\left(1+\sqrt{5}\right)$, $\left|\frac{1}{2}\left(1-\sqrt{5}\right)\right|$. La région centrale est caractérisée par plusieurs rapports de Fibonacci ou se trouvent $u_8 = 34/11$ et $u_9 = 55/34$. Reste la question du « pourquoi ». Pourquoi les rapports de Fibonacci ? Réponse assez évidente : puisque l'évolution de toute la matière dans ses réseaux édificateurs de la complexité est due à l'information, c'est que, en extrême limite de la perfection incarnative (si tant est qu'elle puisse exister), le « véhicule mathématique » du Cardinalat gémellaire opère à tous niveaux. L'extrême limite, c'est $\Phi_1 = \frac{1}{2}\left(1+\sqrt{5}\right)$ et $\Phi_2 = \frac{1}{2}\left(1-\sqrt{5}\right) = -\Phi_1^{-1}$. D'où, avec $\Phi = \Phi_1$: $\Phi - \Phi^{-1} = 1^{**}$, Nombre cardinal gémellaire doré. Dans l'achèvement de tout processus, l'aboutissement, c'est l'**unité**. Cette unité n'est pas nécessairement numérale mais toujours non dimensionnée. Elle EST. Lorsque le processus s'achève, l'unité cardinale est réalisée et elle est reliée à la mémoire de tous les niveaux d'Informations (les « étapes » intermédiaires qui ont permis d'arriver au résultat final). Dans un processus de quantification, ce sont les bosons quantifiés qui s'« agrègent » informativement pour parvenir au Cardinal 1** représenté par le fermion. Au niveau quantique j'ai montré (cf. Lexique II) que la théorie de la Fusion électromagnétique parvient à définir les **ondes planes nouménales** se transformant en **ondes symplectiques** susceptibles de mesures esthésiemétriques dans l'espace euclidien pour les spin 1 ; 2 ; et les niveaux informatifs 4 ; 8 ; 16. A l'évidence, dans la complexité noétique la

réalisation opère par la succession : 16 → 8 → 4 → 2 → 1**. L'unité cardinale représente alors la première fusion de deux électrons $n = ½$ en photon $n = 1$. Or, les végétaux n'existent que grâce à la photosynthèse. Il est donc nécessaire que le photon ait une « charge informative » appropriée, résultat des rapports de Fibonacci selon $u_5 \rightarrow \ldots \rightarrow u_9 \rightarrow u_{10}$. Il en est de même pour les crustacés… et pour les cytosquelettes de nos neurones. Les Nombre et Section d'Or sont ainsi la base même de tout traitement de l'information nouménale → symplectique → photon symplectique et phénoménal dont l'Unité cardinale 1** est le symbole mathématique de l'achèvement structurel. Il importe peu que le rapport u_5 ne puisse pas (ni aucun autre, d'ailleurs) parvenir directement à l'unité cardinale. La théorie relative à l'Investiture de « cohérence mathématique » I.C., précédemment exposée par le résultat :
$\text{I.C.} = \lambda_h - \lambda_h^{-1} = \Phi - \Phi^{-1} = 1^{**}$ montre que le cardinal est toujours obtenu grâce à la « faculté I.C. ».

En fin de compte, lors de l'édification en complexité on doit représenter la boucle structurelle suivante :

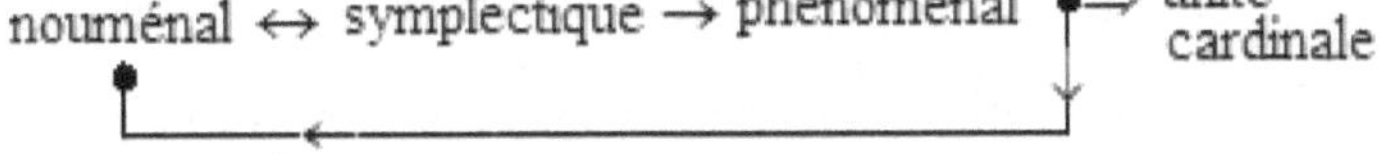

Je représente, ici, « phénoménal ↔ électron », me limitant, dans le présent ouvrage au quantum présentant le plus grand signifiant probable – sur le plan ontologique – de l'Univers. L'électron non accéléré (v = 0) investit dans l'atome et la molécule : la matière. C'est l'aboutissement. Avec l'hypothèse (plus que probable) de l'« effet macroquantique » dont les neurones et synapses semblent investis, le même schéma (raccourci) est valable pour la vie, dans sa totalité. En fin de compte, l'Unité cardinale gémellaire « règne » partout en souveraine. Que celle-ci ne soit pas nécessairement présente dans la plupart des processus transformationnels intermédiaires, c'est encore plus que probable, aussi. Il suffit qu'elle règne aux carrefours déterminant la structuration vitale d'un processus, dont celui qui confirme la « finition » de la structure, pour que la Vie SOIT. En fin de compte :

ESPRIT/INCRÉÉ c'est l'Unité mathématique cardinale.

Démonstration de la septième loi

Reprenons la suite à partir de l'équation (269) et tenons compte de l'inégalité (268) ; la géodésique (264) peut s'écrire de manière simplifiée avec la solution S.O.U.L. en posant $\tau = \tilde{t}$:

$$dS^2 = c_0^2\left(1 - \frac{K}{6} r^{*2}\right) d\tau^2 - \frac{dr^{*2}}{1 - \frac{K}{6} r^{*2}} \qquad (289),$$

r^* étant une longueur de « coupure noétique » propre à la solution S.O.U.L. du Tenseur nouménal-symplectique (189) où l'accélération $\frac{1}{3} K c_0^2 r^*$ exprime son action.

Les deux termes dS^2 et dr^{*2} sont toutes deux des aires co–fusionnelles nouménales mais symplectiquement pseudolocalisées. Il est alors légitime de « décider » de l'« identité » combinatoire entre :

$$\left\{dS^2 ; dr^{*2} ; dq^2\right\} \text{ et } c_0^2 = \mathfrak{F}_0 \qquad (290)$$

puisqu'il y a Fusion Espace–temps avérée.

Posons, maintenant : $\frac{K}{6} r^{*2} = \Gamma_G$, Indice de Dynamique Créatrice Multiverselle (I.D.C.M.). Il vient :

$$dq^2\left[1+\frac{1}{1-\Gamma_G}\right]=c_0^2 d\tau^2\left(1-\Gamma_G\right) \qquad (291)$$

D'où :

$$c_0^2\frac{d\tau^2}{dq^2}=\frac{1+\dfrac{1}{1-\Gamma_G}}{1-\Gamma_G} \qquad (292)$$

Le premier membre est un nombre pur : il s'agit, répétons–le, de l'opérateur Fusion espace–temps totale. Comment devons–nous le définir ?

Posons, dans un premier temps :

$$\mathfrak{F}_0 = c_0^2\frac{d\tau^2}{dq^2},$$

$\mathfrak{F}_0$ étant un nombre de fusion Espace–temps non défini. Dans ces conditions, l'équation (292) s'écrit :

$$\mathfrak{F}_0 = \frac{1-\Gamma_G+1}{(1-\Gamma_G)^2} \qquad (293)$$

En ordonnant l'écriture, les pôles de (293) s'écrivent sous la forme générale classique :

$$\boxed{\Gamma_G = \frac{1}{2\mathfrak{F}_0}\left[\left(2\mathfrak{F}_0-1\right)\pm\sqrt{\left(1-2\mathfrak{F}_0\right)^2-4\mathfrak{F}_0\left(\mathfrak{F}_0-2\right)}\right]} \qquad (294)$$

Revenons à (292). Le développement de la théorie Fusionnelle effectuée par ailleurs a mis en évidence le fait que nous devons écrire : $\mathfrak{F}_0 = 1^*$ lorsque $\mathfrak{F}_0 = \mathfrak{F}_U = \mathfrak{F}_U^{-1}$. Il en résulte que (292) se complète, en écrivant :

$c_0^2 \dfrac{d\tau}{dq^2} \bullet \dfrac{dq^2}{c_0^2 d\tau^2} = 1$. Par définition, on a donc bien :

$$\mathfrak{F}_0 = \frac{1 + \dfrac{1}{1-\Gamma_G}}{1-\Gamma_G} = 1^* \text{ soit en effectuant :}$$

$$\frac{1-\Gamma_G + 1}{(1-\Gamma_G)^2} = 1 \text{ ce qui, après calculs, donne :}$$

$$\boxed{\Gamma_G^2 - \Gamma_G - 1 = 0} \qquad (295)$$

justifiant les résultats concernant la théorie de la Fusion temps → Espace (LII) où j'ai démontré la seule solution possible $\mathfrak{F}_0 = 1$.

Cette relation fondamentale est celle du trinôme doré dont les pôles sont Nombre et Section d'Or. Cette opération constitue une révélation majeure et exhaustive : celle de la démonstration décisive que la **Fusion Espace–temps symplectique–noétique** EST DÉFINIE par le **Nombre d'Or**.

Ses racines sont, en effet :

$$\Phi_1 = \frac{1}{2}\left(1+\sqrt{5}\right) \text{ et } \Phi_2 = \frac{1}{2}\left(1-\sqrt{5}\right)$$

Si bien que $\mathfrak{G} = \Phi_1 + \Phi_2 = 1^* = \mathfrak{F}_0$.

Ainsi, fondamentalement, le Cardinalat gémellaire, joyau initial, final et souverain de toute la mathématique « règne » sur la Fusion Espace–temps. Or, celle–ci exige le développement de la géométrie de Riemann dans l'évolution « instrumentalisée » par la C*–algèbre A. Il est donc **faux** de prétendre que l'espace riemannien est inadapté dans l'infiniment petit quantique.

Toute la physique noétique est gouvernée par une sorte d'« Aurea theory »... n'ayons pas peur des mots, ne craignons pas de nous exposer à de véhéments reproches de ce qui pourrait paraître investis de « trop de suffisance ». Je dois rappeler que la physique noétique commence par l'établissement de l'énergie de translation de l'électron définie par la symétrie énergie quantique au repos $\mu_e c_0^2 \leftrightarrow \frac{\mu_e c_0^2}{2}$ information symplectique pour $\beta^2 = 3$, zone où se définit intégralement le processus nouménal de la Co-Fusion Espace$\leftarrow$temps non localisé (intégralement hors dimension physique) pour la pseudo-localisation non grave symplectique en définissant la longueur d'onde associée :

$$\widetilde{\lambda}_0 = c_0 \widetilde{T}_0 \quad (\widetilde{\lambda}_0 = 2\lambda_B).$$

D'où :

$$\widetilde{T}_0 = \frac{\widetilde{\lambda}_0}{c_0} = \frac{4{,}8526212.10^{-12}\,\text{m}}{299792458\,\text{m.s}^{-1}} = 1{,}6186602...10^{-20}\,\text{seconde}$$

dont la partie irrationnelle est à 0,0626% près de celle du Nombre d'or accolé à 10^{-20}, ou encore, dans le rapport :

$$1{,}6186602...10^{-20} \Big/ \frac{1}{2}\left(1+\sqrt{5}\right) = 1{,}000387.10^{-20},$$

donc près de l'unité à 0,0387% près. La physique noétique atteint sa « réalisation » avec la Fusion électromagnétique à l'ordre $n = 2$ par l'équation fondamentale que je nomme **tenseur symplectique** dont la solution S.O.U.L. « résume » la géodésique fusionnelle Espace←temps universelle par la Gémellarité dorée dont l'expression, d'une simplicité confondante :

$\Phi - \Phi^{-1} = 1**$ est celle du Cardinalat en Présent-Continu transfini à la puissance d'ordre 2 : c'est la septième loi ontologique de l'Univers, soit :

$\mathfrak{G} = 1** = 2^{\aleph_0}$, $\aleph_0$ étant le plus petit transfini, appelé **aleph indice zéro** (voir Annexe I). C'est la loi :

ESPRIT-INCRÉÉ.

Regards... ou le testament d'une Rédemption

Encore des mots excessifs ? Plus de vingt siècles durant, l'Esprit a été philosophiquement relié à l'homme. Selon le florilège des traditions plus ou moins ésotéristes qui ont vu le jour, en Occident comme en Orient, traditions extraites ou non des monothéismes en Occident et au Moyen-Orient ainsi qu'issues de la pluridéité hindoue (ne pas confondre avec polythéisme (!) puis des philosophies spiritualistes bouddhique et zen, l'Esprit, cette hantise plus ou moins avouée de la plupart des créatures humaines, n'a pu être « expertisée », selon les diverses croyances, que par l'homme et pour lui seul. Mais il est nécessaire de comprendre que l'avènement de l'« aventure scientifique », le développement des mathématiques au cours des derniers siècles et ce, depuis le Moyen Âge, vient de bouleverser la Vision que chacun de nous avait pu avoir sur le Monde et la vie. Sans entrer dans une exégèse complexe (qui n'a pas sa place ici), il est clair que la Gnôse, telle qu'elle avait eu tendance à s'unifier depuis un siècle, doit être revue et corrigée par l'avènement même des sciences dites « dures » parce qu'elles engagent l'homme sur le chemin d'un impitoyable rationnel ; cette Connaissance ultime des « choses » de l'Essence même du TOUT, ne peut qu'élargir l'Esprit à la vastitude de l'Univers, à la suite des investigations astronomiques, astrophysiciennes, à la suite de l'exploration de l'infiniment petit (physique quantique), des recherches archéologiques, des mémoires anthropo-paléotropiques qui prouvent que nous ne sommes pas nés d'une des cuisses de Jupiter, ni de la symbolique d'un premier couple humain créé de toutes pièces par une hypothétique volonté divine. La réalité est bien plus « redoutable » que les superstitions religieuses des trois monothéismes, bien plus belle que le mythe de la sainte trinité même si l'on faisait la part la plus juste à la symbolique qui pourrait y être rattachée. Le symbole, lorsqu'il est accompli, doit déboucher sur toute correspondance terrestrement avérée, sinon il reste stérile, c'est-à-dire sans connexion possible avec le RÉEL que seule la RAISON épanouie à sa stature ontologique est à même de révéler. Dans ce cas la Raison la plus élevée inclut la FOI exacte (mais non la foi incertaine des croyances religieuses et encore moins la supercherie des « certitudes » frelatées de toute théocratie). La seule symbolique qui touche aux plus hautes sphères de la Gnose, c'est la MATHÉMATIQUE à laquelle l'on peut adjoindre la métamathématique. Car ce sont elles qui enchaînent à la Correspondance de l'incarnation, humaine et toutes les autres. Ce sont elles qui « feront » que l'Homme futur, celui du « Jour d'après », accèdera aux plus grands mystères et mythes que la quête de l'ésotérisme millénaire avait cherché à élucider, et qu'il accomplira.

C'est ce que j'ai tenté – comme une Introduction – dans le présent ouvrage. C'est la septième LOI, celle de « INCRÉÉ-ESPRIT », Présent-Continu qui dirige désormais nos civilisations exsangues et épuisées vers la dernière « ligne droite » dont le Destin de l'Homme – jusqu'à son aboutissement – sera l'Enjeu. Fût-il réalisé dans un siècle ou dans quelques milliers d'années. Car une seconde de nos vies ou des milliers d'« années géologiques » sont « intemporellement » équivalentes.

Pour terminer ce Regard, il me plaît de suggérer ici un des aspects simples de la symbolique mathématique, celle du « langage » des Nombres, non pas selon les incertaines traditions numérologiques, mais selon la vision du Réel proposée.

Chacun sait que la musique suit les lois physiques de l'acoustique en relation étroite avec notre esthésie liée aux notions de Beauté et d'harmonie qu'une sensibilité non stérilisée sait exalter à son exacte mesure. La musique dans la gamme heptatonique, est composée intégralement de sept intervalles, quelle que soit sa tonalité, majeure ou mineure. Il suffit de chanter une gamme pour s'apercevoir que le sixième intervalle « appelle » la **résolution** « septième ». En chantant la note, terme du septième intervalle, le cerveau perçoit qu'on atteint la **tonique**, l'harmonique fondamentale de la première note, mais une octave plus élevée, donc la même ! La fréquence sonore est alors multipliée par deux. Exemple, la tonalité en ut majeur :

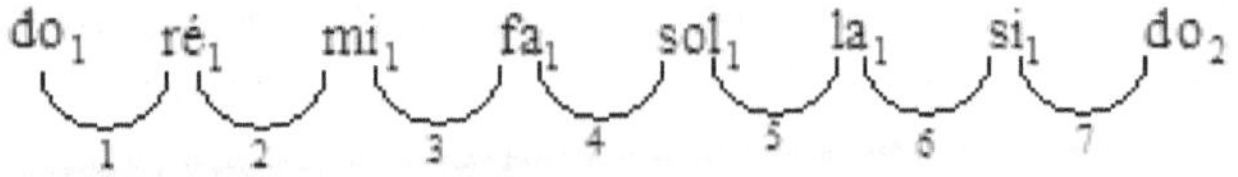

Le rapport fréquentiel acoustique $do_2/do_1 = 2$. Dans l'intervalle des fréquences où nos oreilles perçoivent les sons, la musique couvre, ainsi, cinq voire six gammes où chaque note de toute tonalité se répète depuis le grave jusqu'à l'aigu cinq à six fois.

Voyons, maintenant, la signification **réelle** de chaque nombre dans l'intervalle 1 à7 :

1. TOUT universel, unification ultime ;
2. dualité, couple générateur fécond de la multiplication ;
3. équilibre ;
4. incarnation terrestre ;
5. incarnation de l'AMOUR dans l'Homme ;
6. accomplissement terrestre mais inachevé, puisque **dans** la Matière mais **hors** Esprit ;.

7↔1**. Selon la tradition ésotérique du Nouveau Testament : sept est le
nombre christique, donc Réalisation terrestre **dans** l'Esprit.

Toute oreille, un tant soit peu sensible à l'harmonie des sons, écoutant la note **si**$_1$, « ne pourra » s'y arrêter sans « exiger » sa résolution musicale par la note suivante do_2, fin du septième intervalle.

En revenant aux lois fondatrices de la Matière telle que je l'ai proposée, la première loi, celle d'Einstein $\left(c_0^2 = E/m\right)$ constitue le TOUT de la matière, potentiel-gravitationnel-potentiel-créateur et électromagnétisme (carré de la vitesse de la lumière) (do_1). Parvenu à la sixième loi, celle de Newton $(m = F/a)$, qui relie la matière (masse m) à la gravitation universelle par le champ de gravité a, il apparaît une sorte d'« accomplissement matériel »… mais qui demande la résolution de sa propre finalité (résolution de la « note sensible »). La septième Loi, celle de Esprit $(do_2)\,\mathfrak{G} = 1^{**}$ féconde ainsi la tonalité de base (do_1) en donnant « fécondité » au potentiel gravifique de tout l'Univers (par c_0^2). Du « 1 (tout) » de la loi d'Einstein, on parvient à sa fécondation par le Cardinal

1** TOUT ; la « création » par c_0^2 de tout l'univers est ainsi le fait de INCRÉÉ, en dehors du déploiement temporel-spatial, Réalisation de la Matière par Esprit du do_1 au do_2 on conserve la même note par harmonique « transcendée ». A signaler que le symbole $\mathfrak{G} = 1**$ représente ainsi la Rédemption gnostique, mais pour y parvenir, il faut passer par le Nombre d'Or $\frac{1}{2}\left(1+\sqrt{5}\right)$ comportant le nombre 5, celui de l'incarnation de l'AMOUR dans l'Homme (intervalles do-sol-la... quinte-sixte, harmoniques consonantes).

Post Scriptum

Lorsque l'homme perd la notion de ses racines profondes, liées aux lois de l'Univers, il sombre, en même temps que les sociétés qu'il a bâties, dans l'angoisse du non sens, générateur de désespérance. Au moment où l'humanité est placée face au destin qu'il s'est choisi, à savoir l'ignorance de sa raison d'être, tandis que les événements forcent chacun au renversement des idoles et à la fin de ses fragiles croyances, voici qu'est proposée la Révélation de la Connaissance ultime : l'Union Matière-Esprit.

La créature humaine dans sa quasi-totalité – y compris toute la cléricature religieuse et spiritualiste – ne s'est voulue que matière, organisme fragile hanté par la maladie et sa déplétion nécessaire jusqu'à son ultime soupir. Ses angoisses existentielles, les terribles épreuves qui s'annoncent, prouvent que, depuis de nombreux millénaires, elle a fait fausse route. Tout au long de son histoire, la majeure partie de l'humanité s'est projetée dans des religions et spiritualités qu'elle avait « inventées » à partir de puissants « signes » historiques de l'Esprit, pour qu'elle se persuadât de son Salut. Mais l'angoisse inavouée du Néant n'a jamais été aussi prononcée qu'aujourd'hui.

J'ai la certitude, honnête bien que modeste, que tout nous prouve que la Mutation qui s'impose dorénavant à l'humanité, parce que sans retour, sera terriblement éprouvante : sous la menace d'une Extinction majeure et sans précédent de notre espèce, l'homme devra s'accomplir en Homme… ou disparaîtra. Et cet Accomplissement passera par l'Incarnation de l'Esprit.

Cet ouvrage a la prétention d'en avoir tracé les prémices.

Ussat, le 18 octobre 2008

Annexe I

Initiation à la théorie du transfini.

La Gémellarité fusionnelle

ESPACE←TEMPS

Rappels d'éléments théoriques des ensembles transfinis

Je renvoie le lecteur au préalable à l'Annexe IV et ou (extraits) Lexique X (voir mon site).

La théorie élaborée ici, doit l'être sous l'égide de la **puissance du Continu**, i.e. PRÉSENT–CONTINU. Pour cela, considérons l'intervalle $\{0;1\}$.

Soit i ensembles contenus à l'intérieur de celui–ci ayant même puissance que l'ensemble ($j \to \infty$) de tous les nombres réels : i est alors en puissance du continu. Posons :

$\mathfrak{C}$: Nombre cardinal désignant « Puissance du Continu ».

L'ensemble ($j \to \infty$) permet, ainsi, de poser :

$$\mathfrak{C} + \aleph_0 = \mathfrak{C} \qquad \text{(A1)}$$

L'addition de m ensembles dénombrables (finis) à la puissance–Continu ne change donc en rien la puissance en question :

$$\mathfrak{C} + \mathrm{m} = \mathfrak{C} \qquad \text{(A2)}$$

Le changement de signe de aleph–zéro ne change en rien le formulaire. Ainsi :

$$\mathfrak{C} - \aleph_0 = \mathfrak{C} \qquad \text{(A3)}$$

Soit X l'ensemble de tous les nombres réels positifs et Y l'ensemble de tous les nombres $0 \leq \mathrm{n} \leq 1$. Il existe une correspondance bijective entre les ensembles X et Y que l'on note par :

$$y = \frac{x}{1+x},$$

x et y étant tous nombres positifs $\in \mathrm{Y}$. Considérons, maintenant, l'intervalle $\{-1;1\}$. L'ensemble de tout nombre réel < 0 a la même puissance que l'ensemble des $-1 \leq \mathrm{i} \leq 0$, donc même puissance également pour l'ensemble : $-1 \leq i \leq 0$. Ce dernier a donc la puissance du Continu. Si, à tout nombre $-1 \leq x \leq 1$ on fait correspondre y, correspondant pour deux limites ℓ_1 et ℓ_2 quelconques, on écrit :

$$y = \frac{\ell_2 - \ell_1}{2} x + \frac{\ell_2 + \ell_1}{2}$$

La correspondance est ainsi et encore bijective. On déduit alors le lemme III suivant :

Lemme III

L'ensemble de tous les réels d'un intervalle fini donné quelconque a même puissance du continu que les intervalles {(0 ; 1), (–1 ; 0), (–1 ; 1)}

Si l'ensemble $\mathfrak{S}$ de tous les réels $-1 \leq x \leq 1$ se comporte comme la somme de deux ensembles $\mathfrak{s}_1$ et $\mathfrak{s}_2$ contenus respectivement dans {–1 ; 0} et {0 ; 1} avec exclusion de l'extrémité gauche et inclusion extrémité droite, on a donc :

$$\mathfrak{S} = \mathfrak{s}_1 + \mathfrak{s}_2$$

d'où :

$$\mathfrak{C} + \mathfrak{C} = \mathfrak{C}.$$

Chaque élément du Continu a la puissance du Continu. De même, on déduit par :

$$i\mathfrak{C} = \mathfrak{C}$$

(i =1 ; 2 ; … ; ∞) ce qui prouve simultanément que :

$$\boxed{\aleph_0 \cdot \mathfrak{C} = \mathfrak{C}} \qquad \text{(A4)}$$

Lemme IV

« Tout ensemble de Puissance du Continu (P.C.) est une somme d'une suite infinie d'ensembles sans communauté d'éléments dont chacun est doté de P.C. ».

La définition du produit de deux Nombres cardinaux démontre que l'ensemble P de ce produit de tout produit kx (k entier quelconque et { k (réel > 0) < 1} s'écrit :

$$\mathrm{P}^{\langle 2 \rangle} = \aleph_0 \cdot \mathfrak{C}$$

En découplant le produit kx et en réalisant la correspondance : $t = k + x$, il y a bijection entre $\mathrm{P}\{k, x\}$ et $x = t - k$, si bien que :

$$\boxed{\mathrm{P}^{\langle 2 \rangle} = \mathfrak{C}} \qquad \text{(A5)}$$

Le paradoxe (apparent) – Cantor

On peut exprimer celui–ci sous la forme suivante :

« Entre l'ensemble de tous les points d'un plan et l'ensemble de tous les systèmes de deux nombres réels quelconques, il y a bijectivité ».

Positionnons d'abord le problème. Soit un ensemble $\mathfrak{K}\{k, y\}$ avec $\{0 \le x, y \le 1\}$. Tout nombre $i > 0$ mais < 1 a la P.-C (Puissance du continu). La définition du produit de deux Nombres cardinaux donne alors :

$$\mathfrak{K}^{\langle 2 \rangle} = \mathfrak{C} \cdot \mathfrak{C}$$

Raisonnons, maintenant, selon un développement de $x; y$ en **fractions décimales irrationnelles**. Dans ces conditions, on montre que, à tout système (x, y) de $\mathfrak{K}$ correspond un nombre $\mathfrak{k}$ tel que :

$$0 < \mathfrak{k} \le 1 .$$

Il y a bijection, ainsi, entre tout système (x, y) de l'ensemble $\mathfrak{K}$ et tout $\mathfrak{k}$ pour lesquels :

$$0 < \mathfrak{k} \leq 1 .$$

Donc, l'ensemble $\mathfrak{K}$ est en P.-C. d'où :

$$\mathfrak{K}^{\langle 2 \rangle} = \mathfrak{C}$$

ce qui se justifie par la conclusion précédente :

$$\mathfrak{K}^{\langle 2 \rangle} = \mathfrak{C} \cdot \mathfrak{C} ,$$

d'où :

$$\boxed{\mathfrak{C} = \mathfrak{C} \cdot \mathfrak{C}} \qquad \text{(A6)}$$

doté de Puissance–Continu.
En quoi réside le « paradoxe » ? Dans le simple fait que, « officiellement », les fractions décimales évoquées sont irrationnelles et que tout nombre irrationnel devrait être considéré comme une « rupture » entre deux nombres rationnels infiniment voisins. Il suffit de se reporter à ma « manière personnelle »(*) de « susciter » tout nombre irrationnel pour comprendre, en fait, qu'il y a continuité (la théorie de la Gémellarité en est l'expression « royale » (oserais–je dire)). Louis Couturat, dans son remarquable ouvrage « Philosophie et théorie générale des Nombres (1868–1914) (lequel n'a nullement vieilli), remarque avec pertinence que ce qui caractérise les **continus** à plusieurs dimensions (dimension linéaire, par exemple), ce n'est pas un ensemble de points, mais un **ensemble de relations** entre ces points ce qui dénote une magnifique vision métamathématique. Ainsi, l'espace (à son sens classique) n'est pas seulement une simple multiplicité (bien qu'elle le soit, en fait, en dénombrement dimensionné) mais un ORDRE : nous savons que, « gouverné » au sens

(*) Lexique X (site en ligne).

profond du nombre pur (hors dimension), l'espace est « fusionné » au temps ($\mathfrak{F}_0 = 1**$), qu'il est Informatif, donc relationnel. Ordre mais pas nécessairement ordinal. Donc en P-C (Puissance–Continu). Le paradoxe, ainsi, n'est qu'apparent.

Lemme V

De tout ce qui précède, il est possible d'énoncer :

« L'ensemble de tous les nombres positifs ≤ 1 ayant la Puissance–Continu, l'ensemble de toutes les suites infinies à termes $x_i \leq 1$ *est à la P-C En conséquence : la Fusion Espace ←temps est à* $\aleph_0$ *dimensions ; l'Incréé nouménal est en « propriété absolue aleph–zéro » et, en conséquence, en PRÉSENT–CONTINU.*

D'où, immédiatement :

$$\boxed{P^{\langle 2 \rangle} = \mathfrak{C}^{\aleph_0}} \qquad \text{(A7)}$$

Puisque cette relation établit une correspondance bijective entre tous les éléments de P et toutes les suites composées de $x_i \leq 1$, il en découle que :

$$P^{\langle 2 \rangle} = \mathfrak{C}$$

et que, en conséquence :

$$\boxed{\mathfrak{C} = \mathfrak{C}^{\aleph_0}} \qquad \text{(A8)}$$

La Puissance du Continu présente donc, d'une certaine manière, un grand nombre d'ensembles dotés de P-C : pourvu que le référentiel soit Fusion Espace ← temps, l'ensemble des « points–Espace–fusion » :

- prouve que l'Espace ← temps Fusion est à $\aleph_0$ dimensions ;
- que, de ce fait, cette « propriété aleph–zéro » est à P-C ;

- qu'il s'agit d'une donnée **majeure** de la Finalité universelle : en fait, la démonstration métamathématique de fait que la Finalité est un concept NÉCESSAIRE. Il serait inconcevable que les futures générations de mathématiciens et de physiciens ne s'en aperçussent point. Je considère que (A8) exprime la démonstration de la Finalité universelle.

Retour sur le PRÉSENT–CONTINU : précision fondamentale

Considérons par $\mathfrak{R}$ l'ensemble de toutes les séries infinies appartenant à Q mais qui contiennent seulement un nombre fini de termes égaux à 1. Soit $\mathfrak{T}$ l'ensemble de toutes les séries de Q qui contiennent une infinité de termes égaux à 1. On pose donc :

$$Q = \mathfrak{R} + \mathfrak{T},$$

$\mathfrak{R}$ et $\mathfrak{T}$ n'ayant pas d'éléments communs.
La relation de classe à la puissance deux donne :

$$Q^{\langle 2 \rangle} = \mathfrak{R}^{\langle 2 \rangle} + \mathfrak{T}^{\langle 2 \rangle} \qquad \text{(A9)}$$

En subordonnant par nécessité numérique deux nombres : 0 et 1 à toute série exprimée en base 2, à toute série $f(1); f(2); \ldots$, on peut écrire :

$$t = \frac{f(1)}{2^1} + \frac{f(2)}{2^2} + \ldots + \frac{f(n)}{2^n} + \ldots$$

Or, à toute suite $\in \mathfrak{R}$, correspond, normalement, un nombre rationnel compris entre {0 et 1} et, pour l'ensemble des suites, il y aura autant de rationnels distincts. De ce fait, il a été démontré par ailleurs que :

$$\mathfrak{R}^{\langle 2\rangle} = \aleph_0$$

A tout ensemble $\mathfrak{T}$, faisons correspondre la même série (2) sauf que, cette fois–ci, la fraction est infinie puisque, par définition de l'hypothèse, il y a maintenant une **infinité** de termes différents de zéro. Il s'établit alors une correspondance bijective entre toutes les suites de l'ensemble $\mathfrak{T}$ et tous positifs ≤ 1. Donc $\mathfrak{T}$ a la **Puissance du Continu** soit :

$$\mathfrak{T} = \mathfrak{C}$$

D'où l'expression somme de ces deux termes fournit bien :

$$\boxed{Q^{\langle 2\rangle} = \aleph_0 + \mathfrak{C}} \qquad \text{(A10),}$$

et, puisque $Q^{\langle 2\rangle} = \mathfrak{C}$, on retrouve bien la démonstration précédente (développée d'ailleurs de manière approfondie avec le Nombre Cardinal $\mathcal{C} = \tau^{\langle 2\rangle} = 2^{\aleph_0}$). J'en déduis le résultat tout–à–fait fondamental :

$$\boxed{\boxed{\mathcal{C} = \mathfrak{C}}} \qquad \text{(A11)}$$

$\mathcal{C}$: PRÉSENT–CONTINU ; $\mathfrak{C}$: PUISSANCE DU CONTINU, ainsi que le

lemme VI

« Le Présent Continu (Fusion Espace ← temps) est identique à la Cardinalité $\mathfrak{C}$ *absolue en tant que Nombre. Toute base naturelle* $\mathfrak{B}>2$ *peut donc remplacer avantageusement la base 2 utilisée pour le Présent ».*

Compte tenu d'une démonstration précédente, établissement « ordinal » à base numérique 2, la démonstration de (A1) à (A11) permet de généraliser la Cardinalisation à toute base numérique naturelle, si bien que PRÉSENT–CONTINU peut s'exprimer par :

$$\mathfrak{B}^{\aleph_0} = \mathfrak{C} \qquad \text{(A12)}$$

Nous avons vu (par ailleurs) que le Cardinal désigné par $\mathfrak{A}$ définit le PRÉSENT–CONTINU de tous les sous–ensembles d'un ensemble **dénombrable** quelconque. Je puis ainsi énoncer le

lemme VII

« Soit un ensemble dénombrable $\mathfrak{D}$ quelconque. L'ensemble de tous les sous–ensembles compatibles, donc qui le constitue, a même Puissance du Continu.

En effet, (A3) exprime :

lemme VIII

Soit un ensemble $\mathfrak{T}$ de tous les ensembles infinis dénombrables. L'ensemble $\mathfrak{T}$ a la Puissance du Continu.

L'expression du PRÉSENT–CONTINU fournit avec (A12) :

$$\mathfrak{C}^{\aleph_0} = (2^{\aleph_0})^{\aleph_0},$$

ce qui, d'après [(44) Partie I] de l'op. cit., donne : $2^{\aleph_0}$.
En fin de compte, en rassemblant les résultats correspondant aux bijectivités disséminées dans les démonstrations, on traduit le **Cardinal absolu** par :

$$\mathfrak{C} = \mathfrak{A} = \mathfrak{B}^{\aleph_0} = 2^{\aleph_0 + \aleph_0} = \mathfrak{C} \cdot \mathfrak{C} \qquad \text{(A13)}$$

La Gémellarité et le Cardinal absolu

Considérons, maintenant, un polynôme algébrique quelconque de degré deux soit :

$$\mathrm{a}x^2 + \mathrm{b}x + \mathrm{c} = 0,$$

répondant au critère d'un isomorphisme de Lie, en tant que structure algébrique par la formulation [Partie I (287)] de l'op. cit., soit :

$$e^{(\theta+2\pi)X_3} = e^{\theta X_3}$$

avec [(288) Partie I] de l'op. cit. :

$$e^{\theta X_3} = \cos\frac{\theta}{2} + j\phi_3 \sin\frac{\theta}{2} \in SU(2)$$

Toute « variété fusionnelle » différentielle d'Espace ← temps ∂C de la p-cochaîne de $\mathbf{I} = C^\infty(W;\mathbb{R})$ et décrite par [(152) Partie I] de l'op. cit. devient réductible sous certaines conditions sous la forme (223) soit :

$$\boxed{\lambda^2 - \lambda - 1 = 0} \qquad \text{(A14)}$$

Je dis que, moyennant $x = \lambda$, lorsque $a = 1$; $b = c = -1$, l'isomorphisme global $SO(3) = SU(2)/\mathbb{Z}_2 = \{-1;1\}$ entre les spectres de nombres entiers (rationnels) [1 ; 2 ; 3 ; …] et demi–entiers rationnels $\left[\frac{1}{2};1;\frac{3}{2};2;\frac{5}{2};...\right]$ répondant respectivement à SU(2) et SO(3), est réalisé, ce qui fournit (A14).

En posant $\Phi = \lambda$, les pôles du trinômes sont (comme déjà mentionné) :

$$\Phi = \frac{1}{2}\left(1+\sqrt{5}\right) ; \ -\Phi^{-1} = \frac{1}{2}\left(1-\sqrt{5}\right)$$

Posant $\Phi = \Phi_1$ et $-\Phi^{-1} = \Phi_2$, il vient :

$$\boxed{\Phi_1 + \Phi_2 = 1**} \qquad \text{(A15)}$$

Le Nombre 1* est le Cardinal/ABSOLU qui désigne Fusion Espace ← temps. Considérons maintenant de l'ensemble P, toutes les séries infinies à la Puissance du Continu dont la suite infinie :

$$m_1 \, ; m_2 \, ; ... ; m_\infty$$

doit obéir à l'isomorphisme SO(3)/SU(2). Les termes m_i étant des nombres naturels, l'isomorphisme ABSOLU oblige à $\left\{ m_i = 1 \right\}$ si bien que la fraction **continue** illimitée, donc irrationnelle :

$$\left.\frac{1}{m_1 + \cfrac{1}{m_2 + \cfrac{1}{\dots + \dots\dots \cfrac{}{m_n + \cfrac{1}{\dots\dots}}}}}\right\} \qquad \text{(A16)}$$

est comprise entre 0 et 1 pour $m_1 = m_2 = ... = m_\infty = 1$.
Considérons maintenant les deux ensembles $\left\{ \mathfrak{I} \right\}$ et $\left\{ \mathfrak{T} \right\}$. $\left\{ \mathfrak{I} \right\}$ est l'ensemble $\left\{ \mathfrak{T} \right\}$ résultant de tous les nombres irrationnels de {0 ; 1} ($\mathfrak{T}$ est Puissance–Continu) par correspondance bijective entre { $\mathfrak{T}$ } et { $\mathfrak{I}$ }.
Écrivons ainsi, par suite de cette bijectivité :

$$\Phi_2 = \frac{1}{1 + \cfrac{1}{1 + \cfrac{1}{\dots\dots \cfrac{}{1 + \cfrac{1}{1 + \cfrac{1}{1_\infty}}}}}},$$

ce nombre irrationnel de $\{0\,;\,1\}$ se développe donc en **fraction continue illimitée** entre $\{\mathfrak{T}\}$ et $\{\mathfrak{I}\}$ formé de tous les irrationnels $\{0\,;\,1\}$. D'où :

$$\mathfrak{T}^{\langle 2\rangle} = \mathfrak{I}^{\langle 2\rangle} \tag{A17}$$

Par (A3), soit :

$$\mathfrak{C} = \mathfrak{C} - \aleph_0,$$

on obtient $\{\mathfrak{I}\}$ en y supprimant l'ensemble dénombrable de tous les rationnels dans $\{0\,;\,1\}$. On obtient alors, en plus de (A17) :

$$\boxed{\begin{array}{l} \mathfrak{I}^{\langle 2\rangle} = \mathfrak{C} \\ \mathfrak{T}^{\langle 2\rangle} = \mathfrak{C} \end{array}} \tag{A18}$$

Il en résulte le lemme VIII énoncé ci–haut. L'ensemble est donc, en vertu de (A16) à (A18) le Nombre Cardinal $\aleph_0$ ($\mathfrak{T}$) élevé à la Puissance–Continu $\aleph_0$ soit :

$$\mathfrak{T} = \aleph_0^{\aleph_0}$$

D'où :

$$\boxed{\mathfrak{C} = \aleph_0^{\aleph_0}} \tag{A19}$$

Le nombre décimal formé par la fraction irrationnelle continue illimitée (A16) est dans l'intervalle : $0 < \Phi_2 < 1$. Qu'en est–il, cependant, pour Φ_1 ? Pour élucider cette question, considérons un espace–temps non bijectif, donc phénoménal, **non continu** dans l'intégralité de ses variations fonctionnelles. Considérons–le, alors, à deux dimensions, tel que :

$$f(x)=F(x,0),$$

fonction continue, ne pouvant passer d'une valeur x_i à 0 sans passer par toute valeur $x_i < x_j < 0$. En fusionnant en Espace ← temps par convolinvolution symplectique, on génère $F(1)=a$ et $F(-1)=b$. Donc $a \neq b$ car $F(1,0) \neq F(-1,0)$.Or, pour $-1 \leq x \leq 1$, la fonction $f(x)=F(x,0)$ parcourt toutes les valeurs de x dans l'exclusivité de ($a\,;b$). En Fusion Espace ← temps, la fonction implicite $\varphi(x,y)$ admet $y=0$ et appartient, ainsi, à ($a\,;b$). En effet, s'il existe le nombre $c(-1\,;1)$ pour lequel :

$$f(c,0)=\frac{a+b}{2}(a\,;b),$$

toute fonction $f(y)=f(c,\mathrm{y})$ est continue en y si bien que, pour $y=0$, $f(c,0)=\dfrac{a+b}{2}$, d'où :

$$\varphi(x,y) \in (a\,;b)$$

puisque $y=0$. Les coefficients $a=1$; $b=-1$; $c=-1$ sont ainsi parfaitement définis pour la fonction $y=ax^2+bx+c$ qui doit s'annuler pour que a, b et c trouvent leurs fonctionnalités. La bijectivité de la Fusion Espace ← temps est, ainsi redémontrée sur la base de la Puissance–Continuité, déjà certifiée par (A13) du Cardinal absolu : $\mathfrak{C}=\mathfrak{C}\cdot\mathfrak{C}$.
C'est sur ces bases, qu'après la formation de (A16) avec :

$$\mathrm{m}_1=\mathrm{m}_2=\ldots\mathrm{m}_\infty=1,$$

je forme le nombre :

$$1 + \cfrac{1}{m_1 + \cfrac{1}{m_2 + \cfrac{1}{\ldots + \ldots\ldots \text{etc.} \to \infty}}}$$

et on obtient le décimal irrationnel Φ_1 pourvu du réel 1 suivi de sa fraction décimale irrationnelle strictement identique à (A16). Il en résulte, sachant que pour (A14) :

$$\lambda = \Phi_1 = \Phi = \frac{1}{2}\left(1 + \sqrt{5}\right)$$

et

$$\Phi_2 = \frac{1}{2}\left(1 - \sqrt{5}\right) = -\Phi^{-1} = -\lambda^{-1},$$

si bien que :

$$\lambda - \lambda^{-1} = \Phi - \Phi^{-1} = 1* \qquad \text{(A20)}$$

Cette démonstration se généralise par (A3) et (A19) selon laquelle tout ensemble $\mathfrak{C}$ de toutes les séries infinies croissantes à termes naturels est à la Puissance $\aleph_0$ du Continu. Dans (A16), il suffit de faire correspondre, dans le cas des gémellités numériques : $m_1 + m_2$ à la place des $m_1 ; m_2$; etc. sachant que $m_1 = m_2 = \ldots = m_n = 1$. Il en résulte :

$$\lambda^{-1}_{(2)} = \cfrac{1}{2 + \cfrac{1}{2 + \cfrac{1}{2 + \ldots\ldots}}}$$

$$\ldots\ldots$$

$$\ldots\ldots\infty$$

et

$$\lambda_{(2)} = 2 + \cfrac{1}{2 + \cfrac{1}{2 + \cfrac{1}{2 + \ldots\ldots\ldots}}}$$

$$\ldots\ldots$$

$$\ldots\ldots\infty$$

si bien que dans $\lambda_{(2)}^2 - 2\lambda_{(2)} - 1 = 0 : \begin{cases} \lambda_2 = 1 + \sqrt{2} \\ -\lambda_2^{-1} = 1 - \sqrt{2} \end{cases}$

La généralisation avec : $\lambda_{(k)}^2 - k\lambda_{(k)} - 1 = 0$ se définit immédiatement, d'où :

$$\lambda_{(k)} = \frac{1}{2}\left(k + \sqrt{k^2 + 4}\right) \text{ et } \lambda_{(k)}^{-1} = \frac{1}{2}\left(k - \sqrt{k^2 + 4}\right).$$

Moyennant un réajustement du raisonnement théorique pour les termes a, b et c dans $f(x) = F(x, 0)$ (etc.), on aboutit aux relations (A19) et (A13), redonnant la « Cardinalice » dans ABSOLU/PRÉSENT « aleph à la puissance aleph » : la Gémellité cardinale est alors définie par :

$$\text{avec} \boxed{\begin{array}{l} \lambda_{(k)} - \lambda_{(k)}^{-1} = k \\ \lambda_{(k-1)} - \lambda_{(k-1)}^{-1} = k - 1 \end{array}} \qquad \text{(A21)}$$

si bien que :

$$\boxed{k - (k - 1) = 1 **} \qquad \text{(A22)}$$

restituant l'intervalle (0 ; 1).

Pour $k = 1$, on obtient Nombre (Φ) et Section ($-\Phi^{-1}$) d'OR, selon le vocabulaire de Léonard de Vinci et de Johannes Kepler (Sectia Aurea).

Pour $k > 1$, la Gémellité est Cardinale–ordinale : je propose l'appellation

Gémellité Ordinale : $\mathfrak{g}$

Pour $k = 1$, la Gémellité est Cardinale pure : je propose l'appellation

Cardinalat gémellaire : $\boxed{\mathfrak{G} = 1^{**}}$ (A23)

Dans le cas général (A16), la suite infinie croissante $m_1 ; m_1 + m_2$; etc. toujours avec $m_i = 1$ d'une série à l'autre fournissant les sommes à croissance infinie : $s_1 ; s_2 ; ... ; s_k ; ...$ correspond, ainsi, bijectivement, à la suite $s_1 ; s_2 - s_1 ; s_3 - s_2 ; s_k - s_{k-1}$; etc.

Toute gémellité générale (ordinale) se développe alors (base deux exprimée en base 10) par la série :

$$\mathfrak{g} = \frac{1}{2^{s_1}} + \frac{1}{2^{s_2}} + ... + \frac{1}{2^{s_k}} + ... \qquad \text{(A24)}$$

ce qui démontre : $\mathfrak{T}^{\langle 2 \rangle} = \mathfrak{C}$ dans l'accroissement arithmétique de s_i à l'ordre 1. Dans tous les cas de gémellarité cardinale d'ordre $s_k - s_{k-1}$, on obtient :

$$\mathfrak{T}^{\langle 2 \rangle} = \mathfrak{J}^{\langle 2 \rangle} = \mathfrak{C},$$

ce qui démontre le modèle universel (A19) de toute gémellarité dans la théorie des ensembles transfinis :

$$\mathfrak{C} = \aleph_0^{\aleph_0}.$$

Par exemple, pour le développement infini suivant (volontairement limité) :

$$s_1 = 1 ; s_2 = 2 ; \; s_3 = 3 ; ... ; s_{15} = 15 ,$$

on obtient le résultat : avec $\mathfrak{T}^{\langle 2\rangle} = \mathfrak{C}$:

$$\mathfrak{G}_{15} = \frac{1}{2} + \frac{1}{4} + \frac{1}{8} + \frac{1}{16} + \frac{1}{32} + \frac{1}{64} + \frac{1}{128} + \frac{1}{256} + \frac{1}{512} + \frac{1}{1024} + \frac{1}{2048} + \frac{1}{4096} + \frac{1}{8192} + \frac{1}{16384} + \frac{1}{32768}$$

$$\mathfrak{G}_{15} = 0{,}999969482$$

On comprend aisément que pour s_∞, on obtient (A23) soit le Cardinalat gémellaire (C.G.) : $\mathfrak{G} = 1**$

Je dis, étant donné l'importance fondamentalement ésotérique, voire gnostique de ce résultat, que l'Unité astérisque représente le terme :

$2^{\aleph_0} = \mathfrak{C}$ ce qui, avec (A11), fournit :

$$\boxed{\mathfrak{A} = \mathfrak{G} = 2^{\aleph_0}} \qquad \text{(A25)}$$

La relation (A25) représente INCRÉE universel–ontologique ;

La Finalité Universelle VÉCUE par l'Homme (Noéticanthrope) ;

Le résultat (A21) fournit de même, pour $k = 1$:

$$1{,}618033987...(k) - 0{,}618033987...(k) = \mathfrak{G}_k = 0{,}999...9(k)$$

Pour $k \to \infty$, on obtient (A25). Ainsi, la théorie des transfinis fournit la Finalité sous sa forme métamathématique de l'Univers par :

PRÉSENT–CONTINU ≡ INCRÉÉ

D'une certaine manière, la théorie des ensembles transfinis, initiée par Georg Cantor (1845–1918) et présentée de manière plus moderne par Waclaw Sierpinsky (1882–1969) ont permis à l'auteur du présent ouvrage de fournir à la Fusion Espace ← temps sa signification profonde, à savoir que la théorie de la Gémellarité, fondée sur l'Irrationnel doit présenter le « visage » rationnel d'une Finitude magnifiquement harmonieuse à partir de l'infini, terme qui n'a aucun sens, ni signifiant pour la conceptualisation intellectuelle de l'homme.

La Finalité de l'Univers ou le Graal de la Connaissance

Regroupons les derniers résultats obtenus.

* **Fusion Espace ← temps** ; En référentiel nouménal, la Co–Fusion Espace ← temps est à $\aleph_0$ dimension. C'est INCRÉÉ nouménal ABSOLU, dans la « propriété exclusive absolue aleph–zéro » et, en conséquence, en PRÉSENT–CONTINU.

En effet, par (A7), la Puissance du Continu s'exprime par :

$$P^{\langle 2 \rangle} = \mathfrak{C}^{\aleph_0} = \mathfrak{C} \text{ (bijectivité) ;}$$

Par (A8) : $\boxed{\mathfrak{C} = \mathfrak{C}^{\aleph_0}}$

la Finalité universelle est, ainsi, démontrée, avec le PRÉSENT–CONTINU :

$$\boxed{\mathcal{Q} = 2^{\aleph_0}} = \mathfrak{C} \cdot \mathfrak{C} \text{ (revoir (A13))}$$

Le lemme VIII démontre par (A19) à (A24), soit :

$$\mathfrak{T}^{\langle 2 \rangle} = \mathfrak{J}^{\langle 2 \rangle} = \mathfrak{C}$$

que, suite à :

$$\left[\Phi_2 = \frac{1}{2}\left(1 - \sqrt{5}\right) \left(0 < \Phi_2 < 1\right) \right], \text{ sont définis (A19) :}$$

$\mathfrak{C}_{(2)} = {\aleph_0}^{\aleph_0}$ et $\mathfrak{C}_{(1)} = {\aleph_0}^{\aleph_0}$, si bien que, avec (A19) à (A24), la démonstration du CARDINALAT GÉMELLAIRE (A23) s'exprime par :

$$\boxed{\mathfrak{G} = \mathfrak{C}_{(1)} - \mathfrak{C}_{(2)} = 2^{\aleph_0}}$$, correspondant à (A20) :

$\Phi - \Phi^{-1} = 1*$ d'où $\boxed{2^{\aleph_0} = 1**}$

Le Cardinalat, ainsi que les référentiels nouménal et convolinvolué–symplectique sont, tous deux en, PRÉSENT–CONTINU (A13), par la démonstration (A8).

Le nombre : clef de la Connaissance-gnosis. Présentation fonctionnelle du Cardinalat gémellaire

Approche ontologique dans sa simplicité arithmétique. Définition primordiale

Je définis la Gémellarité en mathématiques comme la propriété spécifique qu'ont deux nombres **irrationnels** I (irrationnel fractionnaire) et $F(I)$ (la partie fractionnaire de I) dont la somme redonne la partie entière $E(I)$ du nombre I. $E(I)$ est donc entier, rationnel et doit être **positif**. I et $F(I)$ sont alors **jumeaux**. On déduira de cette définition la propriété exhaustive suivante :

$$P^{+}(I) + P^{-}(I) = k \quad (k : 1\,;2\,;3\,;\ldots\,;\infty) \tag{A26}$$

$$P^{+}(I)P^{-}(I) = -1$$

d'où :

$$P^{-}(I) = -\left[P^{+}(I)\right]^{-1}$$

si bien que :

$$\boxed{P^{+}(I) - \left[P^{+}(I)\right]^{-1} = k} \tag{A27}$$

$P^{+}(I)$ est le pôle positif du trinôme du second degré découlant de (A27).

$P^{-}(I)$ est le pôle négatif du trinôme du second degré découlant de (A27).

Je considère que (A28) traduit la gémellarité fondamentale ou gémellité ordinale de l'énoncé.

En physique quantique, il est possible de relier cette Symbolique avec la correspondance des photons jumeaux $s\hbar\{1;-1\}$ démontrant les propriétés fondamentales de **non localisation spatiale** et de **non séparabilité temporelle** des fermions, des neutrons et des bosons, ce que j'appelle :

FUSION ESPACE ← TEMPS.

Spécification algébrique – théorème de la gémellarité indéfinie

Soient deux nombres λ_i irrationnels et k un entier positif (donc rationnel, voir ci–dessus) reliés par :

$$\lambda_1 + \lambda_2 = k \qquad \text{(A28)}$$

et

$$\lambda_1 \lambda_2 = -1 \qquad \text{(A29)}$$

Les **deux nombres λ_1 et λ_2 sont alors irrationnels et jumeaux**.

Puisque (A30) fournit : $\lambda_2 = -\lambda_1^{-1}$, (A29) s'écrit : $\lambda_1 - \lambda_1^{-1} = k$ et, λ_1 et λ_2 sont solutions de :

$$\boxed{\lambda - \lambda^{-1} = k} \qquad \text{(A30),}$$

relation fondamentale et générale de toute gémellarité.

En multipliant (A31) par λ, il vient :

$$\boxed{\lambda^2 - k\lambda - 1 = 0} \qquad \text{(A31)},$$

trinôme de la gémellarité générale, de pôles :

$$\lambda_{(1)} = \frac{1}{2}\left(k + \sqrt{k^2 + 4}\right) \text{ et } \lambda_2 = \frac{1}{2}\left(k - \sqrt{k^2 + 4}\right).$$

Posons :

$$\nabla = \sqrt{k^2 + 4}.$$

En appliquant (A31) :

$$\frac{1}{2}(k + \nabla) - \frac{1}{\frac{1}{2}(k + \nabla)} = \frac{1}{2}(k + \nabla) - 2 \times \frac{1}{k + \nabla} \cdot \frac{k - \nabla}{k - \nabla}$$

de résultat :

$$\frac{k}{2} + \frac{1}{2}\nabla - \frac{2(k - \nabla)}{-4} = k$$

ce qui vérifie bien (A29) puis (A30).

Spécification géométrique et ontologique

Définissons la grandeur numérique suivante :

$Q/q = 2k$, ordre d'une fonction numérique :

2k étant et/ou demi fractionnaire positif entier compris entre 1 et l'infini ;
a : grandeur opérationnelle de la totalité du bornage de D ;
m : grandeur opérationnelle définissant la fraction a/x , x étant le pôle de la fonction régissant algébriquement D ;
b : on définit le repère suivant : pour k quelconque entier positif et (ou demi fractionnaire) : ½ ; 1 ; 3/2 ; 2 ; … ; ∞. On pose :

$$a = 2\text{km} + \text{b} \tag{A32}$$

On pose encore :

$\text{m} = \dfrac{a}{x}$, ce qui donne avec (A33) :

$$\text{b} = a - 2\text{km},$$

valeurs entièrement **irrationnelles**.

Il me faut considérer, dans la « poursuite–ésotère » le système D comme une « entité » symplectique–nouménale en sphéricité **centrée** et en convolution « involutive–holomorphe », une opposition conceptuelle formelle, ingérable en référentiel phénoménal. Dans ce cas, les coordonnées sphériques entraînent à la moyenne géométrique **centrée** par :

$$\frac{a}{2\text{km}} = \frac{2\text{km}}{\text{b}} \qquad \text{(A33),}$$

traduction exacte et globale de la convolution. On tire :

$$\frac{a}{2\text{km}} = \frac{2\text{km}}{a - 2\text{km}} \tag{A34}$$

En résolvant (A34), on obtient successivement :

$$4\,\text{k}^2\text{m}^2 = a^2 - 2\,a\,\text{km} \text{ et, avec : } \text{m} = \frac{a}{x} :$$

$$4\,\text{k}^2\,\frac{a^2}{x^2} = a^2 - 2\text{k}\,\frac{a^2}{x}\ .$$

Divisant tout par a^2 et multipliant par x^2, il vient :

$$4\,\mathrm{k}^2 = x^2 - 2\mathrm{k}x$$

ou, en ordonnant l'écriture :

$$\boxed{x^2 - 2\mathrm{k}x - 4\,\mathrm{k}^2 = 0} \qquad \text{(A35),}$$

expression dont les pôles sont :

$$\boxed{\begin{aligned} x_1 &= \mathrm{k}\left(1+\sqrt{5}\right) \\ x_2 &= \mathrm{k}\left(1-\sqrt{5}\right) \end{aligned}} \qquad \text{(A36)}$$

De la gémellarité indéfinie à la gémellarité d'Or

Les deux pôles (A36) satisfont–ils à la gémellarité ? Ceux–ci sont **irrationnels** par définition. J'en apporterai la preuve ci–après.

La première exigence « en situation » se réalise par :

$$x_1 + x_2 = 2\mathrm{k} \qquad \text{(A37)}$$

La deuxième est la « condition de gémellité » par :

$$\mathrm{k}\left(1-\sqrt{5}\right) \text{ égal à } -\frac{1}{\mathrm{k}\left(1+\sqrt{5}\right)} \text{ ?}$$

Multiplions ce deuxième terme par $\left(1-\sqrt{5}\right)$ au numérateur et au dénominateur, il vient :

$$\mathrm{k}\left(1-\sqrt{5}\right) = -\frac{1}{\mathrm{k}}\frac{1-\sqrt{5}}{-4}$$

d'où :

$$k\left(1-\sqrt{5}\right)=\frac{1}{4k}\left(1-\sqrt{5}\right)$$

soit la condition $\mathbf{k}=\pm\frac{\mathbf{1}}{\mathbf{2}}$

On vérifie bien, en prenant soit la valeur positive ou la valeur négative que :

$$\frac{1}{2}\left(1-\sqrt{5}\right)=-\frac{2}{1+\sqrt{5}}$$

(car $-\frac{2\left(1-\sqrt{5}\right)}{\left(1+\sqrt{5}\right)\left(1-\sqrt{5}\right)}=-\frac{2\left(1-\sqrt{5}\right)}{-4}=\frac{1}{2}\left(1-\sqrt{5}\right)$

Les conditions (A37) et (A38) sont totalement vérifiées puisque pour $k=\frac{1}{2}$:

$$x_1+x_2=1$$

et, en posant

$$x_2=-x_1^{-1}$$

avec $x_1=\Phi$:

$$\boxed{\Phi-\Phi^{-1}=1^{**}} \qquad \text{(A38).}$$

du Cardinalat gémellaire avec $\mathfrak{G}=2^{\aleph_0}$ sa formulation associée :

$\Phi=\frac{1}{2}\left(1+\sqrt{5}\right)$ et $-\Phi^{-1}=\frac{1}{2}\left(1-\sqrt{5}\right)$ sont respectivement, rappelons–le : Nombre et Section d'Or.

Annexe II

Amplification de phase et ondes symplectiques planes-cohérentes en pseudo-euclidien liées aux Nombres de Fibonacci et au Nombre d'Or

Préparation aux états de phase amplifiés par holomorphie noétique

Rappelons le groupe d'équations rotatoires (94) soit :

$$\mathcal{S}_x = \frac{1}{2} j \mathcal{C} \alpha_2 \alpha_3 \; ; \; \mathcal{S}_y = \frac{1}{2} j \mathcal{C} \alpha_3 \alpha_1 \; ; \; \mathcal{S}_z = \frac{1}{2} j \mathcal{C} \alpha_1 \alpha_2 \quad \text{(A39)}$$

Les valeurs propres des orientations spatiales ou hyperspatiales étant $\pm\frac{1}{2}\mathcal{C}$ (avec $\mathcal{C} = k^2 f_0^{-1} \hbar^{-1}$ de valeur $1{,}787.10^{25}\,\mathrm{m}^{-2}$, $\hbar$ étant la constante de Planck réduite), la combinatoire en symétrie circulaire porte sur les trois orientations {2, 3}, {3, 1}, {1, 2}. Il convient de chercher une identification–type finale **totale** et **commutative**, de sorte que soient concernées, non seulement les informations indépendantes de l'onde monochromatique noménale plane et cohérente, mais aussi celles qui dépendent les unes des autres, puisque lors de l'involution, elles sont toutes en interdépendance mais avec leurs rôles propres.

Les composantes a_d obtenues précédemment nous ont orientés vers un formalisme d'**état** fusionnel abordé avec l'orientation spatiale des composantes a_d . Dès lors, il devient possible de définir trois composantes rectangulaires de spin par :

$$\left.\begin{aligned} s_1^{(p)} &= \frac{1}{2} j\, a_1^{(p)} a_2^{(p)} \\ s_2^{(p)} &= \frac{1}{2} j\, a_2^{(p)} a_3^{(p)} \\ s_3^{(p)} &= \frac{1}{2} j\, a_3^{(p)} a_1^{(p)} \end{aligned}\right\} \quad \text{(A40)}$$

p étant l'indice des composantes de la fonction d'onde noménale $\widetilde{\Psi}_{\mu\nu}$... où agit l'opérateur linéaire et hermitien de fusion

$$F = F^{(1)} + F^{(2)} + \ldots + F^{(p)} + \ldots + F^{(n)}.$$

Ma démarche consiste à ne prendre en compte, exclusivement, que la progression géométrique fusionnelle ce qui revient à considérer des fusions à état informatif strictement identique : ½ + ½, 1 + 1, 2 + 2, 4 + 4, 8 + 8… L'inconvénient de cette exigence est qu'il faut considérer, pour chaque état de fusion, une théorie renouvelée. Beaucoup plus simple est de considérer la fusion de m submicro–univers de spin ½. On sélectionne alors les états de la progression nécessaire pour une théorie développée une seule fois.

Il convient dans ce cas de construire les composantes de la fusion de m submicro–univers $\{ s_k = 1/2 \}$ par :

$$\sigma_k^{(m)} = \sum_1^m s_k^{(p)} \qquad \text{(A41)}$$

avec les opérateurs associés de fusions :

$$f_k^{(m)} = \mathcal{C}\, \sigma_k^{(m)} \quad (k = 1, 2, 3) \qquad \text{(A42)}$$

La somme (A42) est composée des termes :

$$\sigma_1^{(m)} = j\left[\sigma_2^{(m)}, \sigma_3^{(m)}\right]^+,\ \sigma_2^{(m)} = j\left[\sigma_3^{(m)}, \sigma_1^{(m)}\right]^+, \sigma_3^{(m)} = j\left[\sigma_1^{(m)}, \sigma_2^{(m)}\right]^+ \qquad \text{(A43)}$$

Il s'agit de déterminer les valeurs propres des opérateurs f_k. D'après (A41) (A42) et (A43), nous avons la récurrence :

$$\sigma_k^{(m+1)} - \sigma_k^{(m)} = s_k^{(m+1)} \qquad \text{(A44)}$$

On élève (A44) au carré, il vient :

$$\left(\sigma_k^{(m+1)}\right)^2 - 2\sigma_k^{(m)}\sigma_k^{(m+1)} + \left(\sigma_k^{(m)}\right)^2 = \left(s_k^{(m+1)}\right)^2 \qquad \text{(A45)}$$

Par définition et commodité (comme nous le verrons ci-après), on pose :

$$\left(s_k^{(m+1)}\right)^2 = \frac{1}{4},$$

d'où $$s_k^{(m+1)} = \pm\frac{1}{2}$$

Ceci revient à écrire, si $\sigma_k^{(m)}$ a pour valeur propre i, celles (hélicité l) de $\sigma_k^{(m+1)}$ seront définies par :

$$\ell = i \pm \sqrt{i^2 - \left(i^2 - \frac{1}{4}\right)} = i \pm \frac{1}{2}.$$

Ceci permet de trouver facilement les hélicités (valeurs propres) suivantes avec m = 2n sachant qu'une valeur sur deux (sauf pour $\ell = 0$) est de nature cinétique (N.G.) (symplectique), l'autre, de nature pulsatoire (compact de Cantor) :

$n = ½\ (m = 1),\ \ell\,(\text{de } \sigma_k^{(n)}) = \pm ½$

$$n = 1\ \ (m = 2),\ \ \ell = \begin{cases} 1 \\ 0 \\ -1 \end{cases}$$

$$n = 2\ \ (m = 4),\ \ \ell = \begin{cases} 2,-2 \\ 1,-1 \\ 0 \end{cases}$$

etc.

Donc, en résumé, pour m pair, $\sigma_k^{(m)}$ a pour valeurs propres :

$$\ell = 0, \pm 1, \pm 2, \ldots, \pm \frac{m}{2} \quad \text{(A46)}$$

et l'opérateur associé de fusion $f_k^{(m)}$ a pour valeurs propres :

$$\mathcal{e} = 0, \pm \mathcal{e}, \pm 2\,\mathcal{e}, \ldots, \pm \frac{m}{2}\mathcal{e} \quad \text{(A47)}$$

En généralisant à l'ordre m, les composantes informatives indépendantes de l'onde plane associée s'écrivent selon l'axe de propagation Oz :

$$f_z \widetilde{\Psi}_{\mu\nu\ldots} = -\frac{\mathcal{e}}{2}\left[(-1)^{\mu} + (-1)^{\nu} + \ldots\right]\widetilde{\Psi}_{\mu\nu} \quad \text{(A48)}$$

Les composantes $\widetilde{\Psi}_{\mu\nu\ldots}$ peuvent donc être classées par rapport aux valeurs propres de f_z.

Cherchons l'état total pour une fusion donnée.

Selon les trois axes de coordonnées, nous avons :

$$\left(\sigma^{(m)}\right)^2 = \left(\sigma_x^{(m)}\right)^2 + \left(\sigma_y^{(m)}\right)^2 + \left(\sigma_z^{(m)}\right)^2$$

soit encore :

$$\left(\sigma^{(m)}\right)^2 = \left[\sum_1^m {}_p\, s_x^{(p)}\right]^2 + \left[\sum_1^m {}_p\, s_y^{(p)}\right]^2 + \left[\sum_1^m {}_p\, s_z^{(p)}\right]^2 \quad \text{(A49)}$$

D'où la définition de l'opérateur de fusion informative pour l'état total :

$$f_T^2 = \pm \mathcal{e}^2 \left(\sigma^{(m)}\right)^2 \quad \text{(A50)}$$

Le submicro–univers à Information de base est défini par m = 1, n = ½. Le nombre n est donc aussi le spin s de la courbure étudiée. Si bien que pour m = 2, on a s = [1, 0]. Pour la fusion de m orientations spatiales de valeur informative basale ½ (spin ½ si on considère que l'orientation spatiale est le spin d'une hypercourbure) les valeurs propres sont fournies par :

$$\boxed{f_T^2 = n\left(n+1\right)\boldsymbol{e}^2} \tag{A51}$$

avec n = 0, 1, 2, …, $n = 2^{N-1}$ $(N = 0, 1, 2, ..., \infty$ en cas de progression géométrique.

La relation (A41) nous donne donc les états de fusion totale pour $n = 0, 1, 2, ...,$ mentionnés ci-dessus. Or, chacun de ces états doit se décomposer en états « adjoints » définis par (A49) soit :

$$f_z = q\boldsymbol{e} \tag{A52}$$

avec successivement : q = – n, –n + 1, –n + 2, …, n – 1, n.

Chaque état fusionnel est ainsi défini par les deux nombres informatifs quantiques n et q un certain nombre de fois ; à chaque valeur de n, doit correspondre 2n + 1 valeurs de q, avec interdépendance entre n et q. J'appelle **position informative** p_i, la coordonnée correspondant à {n, q}.

Le tableau des p_i sera dressé comme suit :

q \ n	nomenclature de q
nomenclature	----------------
de	----------------
n	----------------

Étudions maintenant les positions informatives correspondant à chaque valeur de $\dot{n}$, donc pour chaque ligne en partant de la plus élevée (en regard de $\dot{n}$).

Pour q = $\dot{n}$, toutes les orientations spatiales sont parallèles à Oz et dans le sens positif (selon $\overrightarrow{Oz}$). Il n'y a qu'**une seule** manière d'obtenir ce résultat. D'où $p_i^{(n)} = 1$. La première ligne (nomenclature) comporte alors $(2\dot{n}+1)$ fois la position 1 (le décompte est facile à faire). Considérons maintenant le cas $q = \dot{n} - k$. Sur les $2\dot{n}$ fusions informatives possibles, $(2\dot{n} - k)$ fusions ont la composante f_z égale à $+\frac{e}{2}$ puis k fusions de cette composante sont égales à $-\frac{e}{2}$. La résultante est donc égale à :

$$f_z = \frac{e}{2}[(2\dot{n} - k) - k] \quad \text{soit :}$$

$$f_z = \frac{e}{2}(2\dot{n} - 2k) \qquad \text{ou encore}$$

$$f_z = e(\dot{n} - k) \qquad \text{(A53)}$$

Il existe donc la combinatoire $C_{2\dot{n}}^{2\dot{n}-k}$ manières de considérer les $(\dot{n} - k)$ fusions participant à f_z égal à $\frac{e}{2}$ sur la totalité de $\dot{n}$ fusions informatives. La totalité des positions $p_i^{(n-k)}$ dans le tableau (colonne $\dot{n} - k$) est donc égale à :

$$\sum_{\dot{n}-k}^{\dot{n}} p_i = C_{2\dot{n}}^{2\dot{n}-k} = \frac{(2\dot{n})!}{(2\dot{n} - k)!\,k!} = \frac{(2\dot{n})!}{(\dot{n} + q)!(\dot{n} - q)!} \qquad \text{(A54)}$$

Or, la somme de toutes les positions informatives p_i est le nombre de constantes indépendantes de l'onde noétique. D'où :

$$\sum p_i = \sum_0^n {}_k \frac{(2\dot{n})!}{(2\dot{n} - k)!\,k!} = (1+1)^{2\dot{n}} = 2^{2\dot{n}}$$

ou encore

$$\boxed{\sum p_i = 4^{\dot{n}}} \qquad \text{(A55),}$$

formule générale de l'amplification de phase.

En fait, dans le référentiel noétique, les grandeurs interdépendantes sont également informatives car le tenseur symplectique nouménal est commutatif, par suite du principe de non–séparabilité, propriété fondamentale des univers noétiques. Néanmoins, la théorie combinatoire basée sur la symplecticité sera également appliquée au compact cantorien.

Application à la préfusion noétique : de $\dot{n} = ½$ à $\dot{n} = 16$

État initial $\dot{n}$ =½. Cas du submicro–univers–électron–Nombre d'Or (strictement symplectique)

Nombre de composantes indépendantes : $4^{1/2} = 2$

Le tableau est évidemment, immédiat :

$\dot{n}$ \ q	$-\frac{1}{2}$	$+\frac{1}{2}$		
$\frac{1}{2}$	1	1		
Total	1	1	= 2	($4^{½}$)

Première fusion ondulatoire spin 1 : $\dot{n}$ =1, fusion électromagnétique photonique « pseudo symplectique–bosonique », en pseudo–harmonicité du marqueur 16 du Nombre d'Or (pseudo–compact cantorien).

q / ṅ	-1	0	1		
n = 1	1	1	1		
0		1			
Total	1	2	1	= 4	(4^1)

Ce tableau ainsi que les suivants sont composés en utilisant les relations combinatoires (A56) et (A57) ci-après.

L'onde plane (photon) comporte quatre grandeurs indépendantes. Il convient de la définir alors en onde **cohérente** « subtile » d'ordre 1.

État fusionnel : $\widetilde{\Psi} = 16^1 = 16$ composantes dont 12 dépendantes.

Deuxième fusion ondulatoire ṅ =2 (fusion attracto–compacte nouménale à divergence nulle : non symplecticité, début de la compacité bosonique).

État fusionnel fondamental : $\widetilde{\Psi} = 16^2 = 256$

q / ṅ	−2	−1	0	+1	+2		
n = 2	1	1	1	1	1		
1		3	3	3			
0			2				
Total	1	4	6	4	1	=16	= (4^2)

donc 16 grandeurs informatives **effectives** (indépendantes) dans l'onde plane **cohérente** « subtile » correspondante (euclidienne–gravitationnelle) d'ordre 2.

Troisième fusion ondulatoire ṅ = 4 (compact cantorien)

État fusionnel fondamental $\widetilde{\Psi} = 16^4 = 65536$ (16ème marqueur compact bosonique), autant de grandeurs potentiellement informatives.

Nombre de grandeurs informatives **effectives** dans l'onde plane cohérente « subtile » : $4^4 = 256$

$\dot{n}$ \ q		-4	-3	-2	-1	0	+1	+2	+3	+4	
n =	4	1	1	1	1	1	1	1	1	1	
ligne i = 1	3		7	7	7	7	7	7	7		
" i = 2	2			20	20	20	20	20			
" i = 3	1				28	28	28				
" i = 4	0					14					
Total		1	8	28	56	70	56	28	8	1	=256

Quatrième fusion ondulatoire $\dot{n} = 8$ (compact cantorien).

État fusionnel fondamental : $\widetilde{\Psi} = 16^8 = 4{,}294967296.10^9$ ème marqueur compact.

Nombre de grandeurs **effectives** dans l'onde plane cohérente « subtile » :

$4^8 = 65536$, avec la relation combinatoire fondamentale :

$$p_i^{(\dot{n}-i)} = \frac{(2\dot{n})!(2\dot{n} - 2i + 1)}{i!(2\dot{n} - i + 1)!} \qquad \text{(A56)}$$

et niveaux quantifiés pour i ainsi que les niveaux par lesquels $q_{(i)} - q_{(i-1)} = 1$, soit :

$$N_\phi(\text{I.C.})\sum_{-\dot{n}+i}^{\dot{n}+i} = \frac{(2\dot{n})!(2n + 1)}{(\dot{n} + n + 1)!(\dot{n} - n)!} \qquad \text{(A57)}$$

n = 8	17 positions informatives	1	17
7 (i=1)	15 " "	15	225
6 (i=2)	13 " "	104	1352
5 (i=3)	11 " "	440	4840
4 (i=4)	9 " "	1260	11340
3 (i=5)	7 " "	2548	17836
2 (i=6)	5 " "	3640	18200
1 (i=7)	3 " "	3432	10296
0 (i=8)	1 position informative	1430	1430
		Total :	65536

Cinquième fusion ondulatoire $\dot{n} = 16$ (compact cantorien)

État fusionnel fondamental : $\widetilde{\Psi} = 16^{16} = 1{,}844674407.10^{19}$.

Nombre de grandeurs effectives informatives dans l'onde plane cohérente « subtile » du 4^{16} « ème » marqueur compact : 4^{16} = 4,294967296.10^9, les différentes lignes étant encore obtenues par la relation combinatoire (A56) : $p_i^{(\dot{n}-i)}$

C'est la fusion qui « élimine » les rayonnements morpho–noogéniques pour établir la chaîne noétique illuminatrice des sept carrefours noétiques du corps humain (cf. Tome II). Le Principe holomorphe noétique est totalement déployé et il faut comprendre que les ondes planes associées à chaque ordre de fusion électromagnétique symplectique $\dot{n}$ sont cohérentes au sens de l'optique classique.

n = 16	33 positions informatives	1	33
15 (i=1)	31 " "	31	961
14 (i=2)	29 " "	464	13456
13 (i=3)	27 " "	4464	120528
12 (i=4)	25 " "	31000	775000
11 (i=5)	23 " "	165416	3804568
10 (i=6)	21 " "	704816	14801136
9 (i=7)	19 " "	2459664	46733616
8 (i=8)	17 " "	7152440	121591480
7 (i=9)	15 " "	17530500	262957500
6 (i=10)	13 " "	36463440	474024720
5 (i=11)	11 " "	64512240	709634640
4 (i=12)	9 " "	96768360	870915240
3 (i=13)	7 " "	121580760	851065320
2 (i=14)	5 " "	124062800	620314000
1 (i=15)	3 " "	94287120	282861360
0 (i=16)	1 position inform.	35357670	35357670

Total : $4{,}294971228.10^{9}$

La relation (A57) exprime le résultat synthétique souhaité par le tableau ci–dessus. En fait, pour des raisons noétiques où le caractère fusionnel **absolu** (nouménal) doit être retenu, l'onde plane cohérente représentée par $\sum p_i$ (A55) comporte :

- un premier dédoublement de $\dot{n}$ en 2n, puisque, à $\dot{n}$ composantes indépendantes, correspond pour chacune d'elles les composantes non séparatives à orientation informatives ;
- un deuxième dédoublement est nécessaire du fait du terme d'action électromagnétique a dans la constante universelle k^2 ;
- enfin, appliqué à la « noétique humaine », un terme « régulateur » m intervient. En fin de compte, l'onde noétique fusionnée hautement informative s'écrit hors dimension :

$$\boxed{\tilde{\Psi} = 16^{2nm}} \qquad (A58)$$

$$\begin{cases} n = 2^{N-1} \\ m \text{ de } 0,5 \text{ à } 0,99...9 \end{cases}$$

(N : 1 à 5 par valeurs entières) pour chaque entier de N. C'est l'amplification holomorphe, donnée de base du principe holomorphe exposé en LVI.

Pour différentes raisons exposées dans mes ouvrages publiés depuis plus de dix ans et basées sur des constats expérimentaux **intrinsèques** (subtils) à la matière vivante (par mesures esthésiemétriques), j'ai été amené à considérer que les molécules vivantes de la Vie suivent, de manière quasi autogène, des processus **édificateurs** de **croissance Informative** basés sur des expansions géométriques de nature exponentielle où il est nécessaire de considérer le **spin** des électrons comme référence initiale. C'est ainsi que, de :

$n = \pm½ \; (s_1 = \pm½\hbar)$ pour l'électron

à $n = 2 \; (s_2 = 2\hbar)$ pour l'expression phénoménale de l'Information attracto–fusionnelle, la progression géométrique s'établit comme suit :

$$n = \pm½ \text{ (électron)} \rightarrow n = \pm 1 \text{ (photon)} \rightarrow n = \pm 2 \text{ (Information bosonique gravito - fusionnelle)}$$
$$n = 4 \rightarrow n = 8 \rightarrow n = 16 \text{ (Création de Vie par incrémentation bosonique finale)}$$

Cette progression représente la **Fusion espace–temps** sur le plan électromagnétique et a été étudiée de manière approfondie dans « N'–Théorie ». Pour des informations noétiques supérieures à $n = 1$, l'« intrinsèquéité » devient de plus en plus « fine » (subtile) et n cesse de représenter un spin puisqu'à partir de $n = 2$, plus aucun champ quantique, aussi involutif puissions–nous l'imaginer, ne peut être décelé (d'où la grande improbabilité de pouvoir détecter les « mystérieux » bosons de Higgs) mais... leur détection s'accomplit dans la Noétique Hyperspatiale du Corpus noéticanthrope. Nous considérons alors l'**orientation informative** comme « support » fusionnel à la place du spin. La progression géométrique de raison 2 doit s'arrêter à $n = 16$ ce qui correspond à l'Information nouménale maximum possible... :

$$\mathcal{N}_{(16)} = 16^{2\dot{n}m} \left(\dot{n} = 16; m = 0{,}5 ... \text{à } 0{,}75134158\right)$$

D'où (Chaîne noétique dans l'accomplissement de l'Homme) :

$$\mathcal{N}_{(16;0{,}7513...)} = 8{,}9239534.10^{28}.$$

Pour $\{n = 16; m = 0{,}5\}$, on obtient :

$$\mathcal{N}_{(16;0{,}5)} = 1{,}8446744.10^{19}$$

Le maximum informatif est l'apanage de l'Implexum Noétique avec :

$$\mathcal{N}_{\text{impl.}} = 16^{2\times 16\times 0{,}77869698} = \mathbf{1{,}0107.10^{30}},$$

valeur informative quasi–infinie.

Annexe III

Analyse de la solution métrique S.O.U.L.

Récrivons la solution S.O.U.L. (243) de la Deuxième partie :

$$dS^2 = \left[c_0^2 - \frac{2\sqrt{\hbar c_0 \boldsymbol{\upsilon}_0 k^{-2} f_0^4}}{r^*} - \frac{1}{6} K c_0^2 r^{*2} \right] d\tilde{t}^2 - \frac{dr^{*2}}{1 - \frac{2\sqrt{\hbar c_0 \boldsymbol{\upsilon}_0 k^{-2} f_0^4}}{r^* c_0^2} - \frac{1}{6} K r^{*2}}$$

(A59)

Le premier crochet peut s'écrire comme le dénominateur du deuxième terme du second membre :

$$1 - \left(\frac{2\sqrt{\hbar c_0 \boldsymbol{\upsilon}_0 k^{-2} f_0^4}}{r^* c_0^2} + \frac{1}{6} K r^{*2} \right) = 1 - \Gamma_G \qquad \text{(A60)}$$

En Fusion Espace⟵temps, nous avons vu que Γ_G est solution de :

$$\Gamma_G^2 - \Gamma_G - 1 = 0 ,$$

d'où $\Phi = \Gamma_G = 1{,}618033989...$ (Nombre d'Or)

D'où :

$$\frac{2\sqrt{\hbar c_0 \boldsymbol{\upsilon}_0 k^{-2} f_0^4}}{r^* c_0^2} - \frac{1}{6} K r^{*2} = 1{,}618033989... \qquad \text{(A61)}$$

Avec : $\hbar = 1{,}054572.10^{-34}\,\text{J.s}$; $c_0 \approx 3{,}.10^8\,\text{m.s}^{-1}$;

$\boldsymbol{\upsilon}_0 = \frac{4}{3}\pi R_0^3 \approx 7{,}536.10^{-36}\,\text{m}^3$;

$k^{-2} = 8{,}58627.10^{-12}\,\text{kg}^{-1}.\text{s}^2$;

$f_0 = 10^{20}\,\Phi\,\text{Hz}$.

Le calcul de K doit se faire conformément à la relation (198), soit :

$$K = \frac{3}{R_G^2} \text{ avec } R_G = 2\sqrt{\frac{2}{3}}\sqrt{\frac{\mu_e c_0^2}{k^2}}$$

Le calcul donne :

$$K/6 = 2{,}66786.10^{23}\,m^{-2} \quad \left(R_G = 1{,}369.10^{-12}\,m\right)$$

Détermination de r*

On pose :

$$\frac{2\sqrt{\hbar c_0 \upsilon_0 k^{-2} f_0^4}}{r^* c_0^2} - \frac{1}{6} K r^{*2} = \Phi = 1{,}618033989...$$

Soit numérique ment :

$$\frac{2 \times 3{,}75236.10^4}{9.10^{16} r^*} - 2{,}66786.10^{23} r^{*2} = 1{,}618033989$$

On obtient une équation du 3e degré en r* sous la forme :

$$A r^{*3} + B r^* + C = 0$$

à mettre sous la forme :

$$r^{*3} + p r^* + q = 0$$

Avec

$$p = \frac{1{,}618033989}{2{,}66786.10^{23}} = 6{,}0649.10^{-24}$$

et

$$q=-\frac{8{,}3385778.10^{-13}}{2{,}66786.10^{23}}=-3{,}125568.10^{-36},$$

on écrit la solution sous la forme connue :

$$r^{*}=\sqrt[3]{-\frac{q}{2}+\sqrt{\frac{q^{2}}{4}+\frac{p^{3}}{27}}}+\sqrt[3]{-\frac{q}{2}-\sqrt{\frac{q^{2}}{4}+\frac{p^{3}}{27}}}\,.$$

En effectuant les calculs on trouve :

$$r^{*}=1{,}6909.10^{-12}-1{,}19559.10^{-12}$$

soit :

$$\boxed{r^{*}=4{,}9531.10^{-13}\,\mathrm{m}}$$

Par définition :

$$r_{s}=\Phi r^{*}$$

soit :

$$1{,}618033989\times 4{,}9531.10^{-13}\,\mathrm{m}$$

soit :

$$\boxed{r_{s}^{*}=8{,}0143.10^{-13}\,\mathrm{m}}$$

Par (A60) on vérifie bien :

$$\frac{r_{s}}{r^{*}}=1{,}68350685-0{,}06545114=\mathbf{1{,}618055708}$$

proche (aux approximations d'arrondi) de Φ à 0,00134%.

La Fusion Espace←temps, sous l'égide de la métrique-S.O.U.L. a pour solution obligée le Nombre d'Or :

$$\Phi = \frac{1}{2}\left(1+\sqrt{5}\right)$$

ce qui rend la quantité $1-\frac{r_s}{r^*}<0$ et égale à **- 0,618055708**, soit $\frac{1}{2}\left(1-\sqrt{5}\right)$ exprimant on ne peu plus clairement dans la relation métrique complète (A59), le Cardinalat gémellaire par Φ et $-\Phi^{-1}$, en partant avec $c_0^2\frac{d\tilde{t}^2}{dq^2}=1^{**}$:

en effet :

$$1^{**}=\left(1-\Phi\right)-\frac{1}{1-\Phi}=-\Phi^{-1}+\Phi$$

si bien que :

$$\boxed{\Phi-\Phi^{-1}=1^{**}},$$

septième loi universelle exprimant ESPRIT/INCRÉÉ.

Dans mon ouvrage « Gnosis noétique métaphysique », j'ai exposé en quoi la solution de Schwarzschild est mal adaptée, voire inadaptée à « servir » la théorie de la relativité générale. Il s'agit, d'ailleurs, d'un problème, maintenant, déjà relativement ancien de la physique, surgi dès la théorie einsteinienne de la relativité générale : l'espace est-il fini ou infini ? Est-il « formaté » selon les conceptions familières que nous avons de l'espace et du temps ? L'espace, a-t-il une extension, l'univers est-il « né » à un « moment » donné de l'Histoire cosmique ? Peut-on parler d'« âge » de l'univers ou plutôt d'un Âge-durée comme je le propose ? Y aura-t-il un « big-crunch » ? Etc. La physique moderne affirme, à juste titre, tout ignorer de la géométrie aux échelles infinitésimales. C'est pourquoi, j'estime qu'invoquer le terme Fusion Espace←temps et le théoriser devrait constituer un vrai progrès. La physique quantique a remis en cause, très justement, la notion de particule. Si on associe l'idée de « point dans l'espace-temps » (donc non fusionnel), elle entraîne dans les équations des infinis indésirables. C'est ainsi que la solution Schwarzschild entraîne une singularité pour $r = r_s$: le terme en dr^2 du deuxième terme de la solution devient infinie. On a beau affirmer qu'il ne s'agit pas d'une singularité de la métrique mais du système de coordonnées, le fait est que ce problème ne se pose pas en « solution S.O.U.L. » car l'Espace←temps est en « Fusion ». On m'objecterait avec raison que je ne saurais pas mieux décrire – hors mathématiquement – ladite Fusion que la physique moderne concernant d'autres variétés géométriques de l'espace-temps qui ne manquent pas en tant qu'hypothèses. C'est à ce sujet qu'il me semble clair qu'il est nécessaire de s'accorder à un référentiel simple : la « simplicité » (c'est le cas de dire que l'on est « simple ») que la mathématique du Nombre apporte au débat : le Nombre d'Or lié à la série de Fibonacci principale et ce que j'appelle « Cardinalat gémellaire » apportent une vision renouvelée de l'Univers tout entier, donc de la Vie dans sa généralité. Donc de la physique quantique que la théorie de la Fusion électromagnétique (cf. Deuxième et Troisième parties) avère. Dans cette Vision simple et « fusionnelle » mais globale se trouve l'ultime Solution de TOUT : j'affirme que c'est la Vision de l'ESPRIT en tant qu'artis factum de la MATIÈRE… vision « commutative » de la MATIÈRE artis factum également de l'ESPRIT. Au-delà de toute croyance millénaire relative au divin, et à ses religions, au-delà de toute croyance en un dieu, entité omnisciente séparée de l'homme.

Annexe IV

Rappels simples et informations complémentaires au sujet des Nombres

Nombres relatifs

Ce sont les nombres **entiers naturels** : 0 ; 1 ; 2 ; ... ; n ;... Ils appartiennent au Transfini dont la définition repose sur la **récurrence**. Soit N l'ensemble des entiers naturels, N^+, le même ensemble sans le zéro. N est muni d'une addition (+) avec l'élément neutre (0), d'une multiplication (×) avec pour élément neutre l'unité (1). Habituellement, en mode littéral (algèbre), un point remplace (×) : $a \times b \equiv a.b \equiv ab$ d'une relation d'ordre (<), soit $a < b$ (ou $b > a$). Le zéro (0) est le plus petit des entiers. Pour opérer plus commodément, on introduit des ensembles plus vastes, les **nombres relatifs** (à cause de l'addition), les **nombres rationnels** (à cause de la multiplication), **les nombres réels** (à cause de la relation d'ordre) et les **nombres complexes** (pour résoudre les équations polynomiales à coefficients réels). L'addition comporte une opération inverse : la soustraction. Pour cela, il faut attribuer à tout nombre de N son opposé (-*a* pour *a*) de sorte que la loi d'addition se définisse par : $a + (-a) = 0$. On écrit : $a - a = 0$. Le zéro est alors son propre opposé : $0 + 0 = 0$. L'opposé de N^+ est alors noté N^-. Si *a* est un nombre de N^+, -*a* est un nombre de N^-. Soit la réunion : $Z = N \cup N^-$. Évoquons l'**addition** (nombres relatifs). Si a et b sont dans N, $a + b$ est défini dans N. Si (- a) et (- b) sont dans N^-, et on écrit : $(-a)+(-b) = -(a+b)$. Si a est dans N et $-b$ dans N^- (donc b dans N) et si $a > b$: $a + (-b) = a - b$ et si $a < b$, $a + (-b) = -b + a$. Si $a = b$, $a - a = 0$. Quelques mots relatifs au **produit**, maintenant. Concernant les nombres rationnels : si a et b sont dans N : $ab = ab$; $(-a)(-b) = ab$; $(-a)b = -(ab)$; $a(-b) = -(ab)$. Concernant **l'ordre** : $N^+ > 0$; $N^- < 0$. Si $a - b > 0$, $a > b$ et $N' < 0$. Si $a > b$, $a - b > 0$. L'ensemble Z des nombres entiers relatifs constitue un **anneau commutatif ordonné**. Si $a < b$, pour tout nombre c : $a + c < b + c$, et $a - c < b - c$ et, pour tout nombre $d > 0$, $ab < bd$.

Éléments concernant les nombres rationnels et notions à propos des nombres irrationnels

Soit Q l'ensemble des nombres rationnels. L'écriture d'un nombre entier en système décimal s'écrit :

$$a_n a_{n-1} a_{n-2} \dots a_i \dots a_2 a_1 a_0 ,$$

où a_i sont les chiffres 0 ; 1 ; … ; 8 ; 9. Le nombre s'écrit alors :

$$a_0 + a_1 10 + a_2 10^2 + \dots + a_{n-2} 10^{n-2} + a_{n-1} 10^{n-1} a_n 10^n .$$

On note :

$$10^n = 10 \times 10 \times \dots \times 10 \text{ (n fois).}$$

Examen de la division

Tout nombre rationnel s'exprime par le quotient p/q de deux nombres entiers et naturels p et q. A moins que le rationnel soit entier, toute division engendre un reste. Écrivons le nombre :

$$\nu = a_n \dots a_1 a_0 b_1 \dots b_m \; ;$$

il vaut donc :

$$a_n 10^n + \dots a_1 10 + a_0 10^0 + b_1 10^{-1} + \dots + b_m 10^{-m} .$$

Si la division s'arrête (prochain reste nul), le nombre est **rationnel décimal** (écriture ci-dessus). En général, il n'en est pas ainsi et le reste ρ s'écrit :

$$\rho = p/q = a_n 10^n \dots b_m 10^{-m} ,$$

valeur décimale (après la virgule), **approchée par défaut à l'ordre m du rationnel considéré** : c'est un **nombre irrationnel**.

Examen simple de l'irrationnel et de l'irrationnel périodique

Toutes les valeurs approchées par défaut de p/q sont inférieures à p/q. En ajoutant 1 au dernier chiffre, on obtient un décimal plus grand (valeur approchée par excès). Le nombre en question est donc compris entre $< p/q$ et $> p/q$. Il est d'autant plus proche de p/q que l'on poursuit la division. Ainsi, à chaque nombre rationnel (valeurs entières à p/q) on fait suivre après la virgule une suite infinie de valeurs décimales :

$$\_\_\_\_\_\_\_\_a_n \ldots a_0,\ b_1 \ldots b_m$$

(b_m sont en nombre infini). La suite $b_1 \ldots b_m$ a deux propriétés remarquables :

a) elle ne contient pas que des « 9 » à partir d'un certain rang. En supposant, en effet, le contraire, et en multipliant par une puissance de 10, puis en soustrayant un nombre entier, on est amené à montrer que 0,999… ne saurait être un rationnel. Dans le cas contraire, si 0,999… représentait un tel rationnel, on aurait $a < 1$ car $0{,}9 + 10^{-1}$ $(0{,}9 + 0{,}1 = 1)$ et 1 serait alors la valeur approchée par excès de $a = 10^{-1} \equiv 0{,}1$. Maintenant, si on pose $\varepsilon = 1 - a > 0$, comme les nombres 10^{-n} sont arbitrairement petits, on peut sélectionner n tel que $10^{-q} < \varepsilon$. Mais alors, puisque : valeur par défaut de $a <$ valeur par excès de a à l'ordre n et que $1 - 0{,}99 \ldots 9 \ldots$ entre ces deux valeurs vaut 10^{-n}, il est nécessaire que $\varepsilon < 10^{-n}$. Il y a donc **contradiction** d'où obligatoirement $\varepsilon = 0$. Par suite, $a = 1$ mais celui-ci est décrit par $1{,}00 \ldots 0 \ldots$ et non par $0{,}99 \ldots 9 \ldots$ Cette dernière suite ne peut donc pas être rationnelle : c'est un nombre **irrationnel** ;

b) mais cet irrationnel est particulier au sens qu'il est périodique comme je vais le montrer. Exemples :

$34/11 = 3{,}0909...09...$;

$34/21 = 1{,}619047 | 619047 \ |...| \ 619047| \ ...$ (8e rapport de la série de Fibonacci) ;

$452/37 = 12{,}216 | 216 \ |...| \ 216 | \ ...$ etc.

Cependant, considérons, maintenant, la démarche réciproque par la suite suivante : enlevons ce qui est avant la périodicité : c'est un décimal qu'il faut ajouter au résultat final. Multiplions par une puissance de 10 et cherchons alors quel nombre représente $0,b_1...b_m b_1...b_m$; il suffit de vérifier que c'est le nombre résultant de la division $\frac{b_1...b_m}{99...9}$ où le dénominateur est un nombre qui s'écrit avec m chiffres 9. Exemple avec $34/11$. Enlevons le rationnel 3 avant la « décimalisation » soit : $0{,}909...09...$ La périodicité est définie par $m = 2$ chiffres. D'où :

$$\frac{b_1...b_m}{99...9} = \frac{09}{99} = 0{,}0909...09...$$

D'où, partie décimale = $09/99$. Recommençons avec :

$$\frac{b_1...b_m}{99...9} = \frac{216}{999} = 0{,}216\,216...216 .$$

De même :

$$\frac{b_1...b_m}{99...9} = \frac{34}{21}$$ donne :

$$\frac{619047}{999999} = 0{,}619047\,619047...619047...$$

Que constatons-nous ? A partir de l'indice m de 0 à 9, toute suite périodique est un **nombre rationnel** infirmant le terme irrationnel : tout irrationnel périodique doit donc être considéré comme un rationnel.

Notions de nombres réels : algébriques et transcendants

Un nombre réel est **algébrique** sur Q s'il vérifie une équation polynomiale à coefficients réels dans Q soit :

$$\sum^{n} a_i x^i = 0 \quad (a_i \text{ dans Q}) \qquad \text{(A62)}$$

Exemple 1 : $x^2 - 2 = 0$ est une équation algébrique car elle est vérifiée par : $x = \pm\sqrt{2}$.
Exemple 2 : $x^2 - x - 1 = 0$ est algébrique (trinôme doré) car elle est vérifiée par : $x = \frac{1}{2}\left(1 \pm \sqrt{5}\right)$. On en déduit la définition du **nombre transcendant** : tout nombre ne vérifiant pas l'algébricité polynomiale. Par exemple, les cas célèbres de : $\pi = 3{,}141592654...$ et $e = 2{,}718281828...$ Ce sont aussi des irrationnels (π : nombre « archimédien » ; e : nombre de Napier, base des logarithmes naturels).

Notions de nombres cardinaux ; cardinalat gémellaire

Le nombre cardinal est une généralisation du nombre entier ; il caractérise la **puissance** ou « quantité des éléments d'un ensemble ». Soient deux ensembles équivalents : cela signifie qu'il existe une **bijection** de l'un sur l'autre. Si on range les ensembles en classes d'équivalence, chacune d'elles est un cardinal désigné par un symbole approprié (à titre personnel j'utilise le symbole $\mathfrak{C}$. Tous les ensembles appartenant à une **même classe d'équivalence** ont la même **puissance**, donc même cardinal : ils sont **équivalents**. Lorsqu'un ensemble comporte un nombre fini d'éléments, son **cardinal est le nombre de ces éléments**. Les nombres cardinaux finis sont donc les entiers naturels 0 ; 1 ; 2 ; ... ; i ; ... ; n. D'un point de vue quantitatif, les **ensembles infinis** définissent les **nombres transfinis** qui sont les **cardinaux infinis**. De ce fait deux ensembles peuvent être tous deux infinis sans être équipotents. Par exemple, l'ensemble des entiers naturels et l'ensemble des réels ne sont pas équipotents puisque :

$$\{N\} << \{\mathbb{R}\}.$$

Le plus petit nombre transfini est **aleph zéro** noté $\aleph_0$, première lettre de l'alphabet hébraïque. C'est l'ensemble (infini) des **nombres entiers**. Le cardinal aleph zéro est dénombrable. D'une certaine manière, tout nombre cardinal demanderait une exégèse. Malgré sa définition formelle : $\aleph_0 = \omega^{(1)}$, nombre infini de classe II le plus petit, il est nécessaire de saisir ce qui suit : entre la « forme a priori » et l'intuition il y a le sens interne sous la forme **temps psychologique**, préfiguration de l'**instantanéité-hors temps**. En effet, si le **nombre ordinal** est la forme primitive du nombre, le Nombre cardinal apparaît par **dénombrement** des collections perçues **dans le temps**. Le nombre entier implique la notion d'un ordre et d'une succession du dénombrement, donc le temps : percevoir un ensemble n dans la succession 1 ; 2 ; ... ; $n-1$; n suppose avoir la mémoire de $n-1$, lequel suppose celle de $n-2$, etc. C'est ainsi qu'intervient le temps, donc la durée qui est la **conscience** psychologique du temps. Si la mémorisation temporelle est la prise de conscience de la durée, la « numération » suppose que l'on puisse « conserver par la mémoire la suite des états de conscience qui se sont succédé dans le temps » (Helmholtz). Or, si je mémorise la succession jusqu'à $n-1$ dans le temps et ceci de manière instantanée, de $n-1$ à n, le temps est aboli même s'il y a un intervalle de durée égal à $n-(n-1)=1$. Cette unité, dans ce cas, acquiert ce que j'appelle un « signifiant cardinalice », dans le sens où l'intervalle entre $(n-1)$ et n a acquis, a priori de la durée, toute la notion du cardinal n lorsque $n = \omega^{(1)}$. Considérons, pour illustrer, la fonction algébrique :

$$x^2 - kx - 1 = 0$$

dont les pôles sont :

$$x_1 = \frac{1}{2}\left(k + \sqrt{k^2 + 4}\right)$$

et

$$x_2 = \frac{1}{2}\left(k - \sqrt{k^2 + 4}\right),$$

d'où :

$$x_1 + x_2 = k,$$

soit avec $x_2 = x_1^{-1}$:

$$\boxed{\begin{array}{c} x - x_1^{-1} = k \\ x_1 x_2 = -1 \end{array}} \qquad \text{(A63)}$$

ainsi que : pour $k = 1$, $x = \Phi$ (Nombre d'Or), si bien que :

$$\boxed{\begin{array}{c} \Phi - \Phi_1^{-1} = 1** \\ \Phi_1 \Phi_2 = -1 \end{array}} \qquad \text{(A64)}$$

Le Cardinalat gémellaire s'exprime alors par :

$$\mathfrak{C} = 1** \qquad \text{(A65)}$$

Nous avons vu qu'il exprime : ESPRIT/INCRÉÉ.
Construisons, maintenant le nombre de Fibonacci de la série principale : pour $|F|$ (Fibonacci) dans l'intervalle $\{0;1\}$ bâtissons en valeur limitée :

$$\cfrac{1}{1+\cfrac{1}{1+\cfrac{1}{1+\cfrac{1}{1+\cfrac{1}{1+\cfrac{1}{1+\cfrac{1}{1+\cfrac{1}{1+\cfrac{1}{1+\cfrac{1}{1+\cfrac{1}{1}}}}}}}}}}$$

selon les rapports démultipliés ci-dessus. Pour les neuf rapports ci-dessus, en partant du haut de la fraction multiple, les rapports se modifient en convergeant comme suit : 0,5 ; 0,66...6... ; 0,6 ; 0,625 ; 0,615384615... ; 0,6190477619... ; 0,61764058... ; 0,618181818... ; 0,617977528.... Poursuivons encore avec cinq « montures » soit : 0,618055555... ; 0,61802575... ; 0,618037135... ; 0,618032787... ; 0,618034447... ; la valeur la plus proche du Nombre d'Or (de $\left|\frac{1}{2}\left(1-\sqrt{5}\right)\right| = 0{,}618033989...$ limitée à neuf décimales rend le 14ème rapport de Fibonacci en excès de $7{,}42354...10^{-5}\%$. La pseudo-gémellarité se produit donc pour la somme algébrique : $1 + 0{,}618034447... - 0{,}61803989 = 0{,}999994647$. A chaque poursuite opératoire, le nombre 9 s'ajoute aux décimales en entraînant la décroissance du reste de la division : deux rapports suivants donnent, en effet : $0{,}9999997579$, etc. approchant la gémellarité indéfiniment de 1. Nous voyons bien comment opère le cardinalat : il doit « en instantanéité », hors de tout « opérateur humain temporel » passer du premier rapport (0,5) à l'infinitude qui fournit **exactement** la valeur $\left|\frac{1}{2}\left(1-\sqrt{5}\right)\right|$, $\left(0 < \lambda_1 \leq 1\right)$ en passant par les premières étapes des calculs que je fournis en exemple. Puis, toujours en « instantanéité » reproduire l'infinité des calculs par l'addition de l'unité à chaque rapport, de sorte que le lemme III de l'Annexe I soit respecté :

L'ensemble de tous les réels d'un intervalle fini donné quelconque a même puissance du continu que les intervalles {(0 ; 1), (–1 ; 0), (–1 ; 1)}

se concrétisant par (Annexe I) : $i\mathfrak{C} = \mathfrak{C}$ (i =1 ; 2 ; … ; ∞) puis $\mathfrak{C} + \mathfrak{C} = \mathfrak{C}$ ainsi que par (A4). L'ensemble de ces opérations peut donc se modéliser en posant $\mathfrak{C} = \mathfrak{C} + 1$. Mais l'unité acquiert alors la propriété de deux cardinaux équipotents (transfinis) ce qui lui vaut les deux astérisques par $\mathfrak{C} - \mathfrak{C} = 1**$ (puissance 2) d'où par l'énoncé du lemme ci-dessus, l'expression du Cardinalat gémellaire :

$$\boxed{\mathfrak{C} = 1**} \quad \text{(A23).}$$

Ainsi donc, d'une manière infiniment « secrète », la Vision de l'Univers, de son ÊTRETÉ-ESPRIT invisible jusqu'au « règne métamathématique » par les séries de Fibonacci du Vivant, donc de la matérialisation morphogénique ontologique (par l'égalité (A60) où $\Gamma_G = \Phi$, Nombre d'Or exact) jusqu'au rapport rationnel du cytosquelette des neurones (0,625), cinquième rapport inversé de Fibonacci, cette Vision exprime TOUT par (A23). Une fois encore, la simplicité extrême de cette dernière écriture que je décris comme le Graal véritable dans le domaine ésotérique à son sens exact, s'accorde à l'Essence de l'Ontologie universelle dans une « austérité » suprême.

Annexe V

Le Nombre « Gogol-Asankheya » de l'Univers

Nombre de Gogol : 10^{100}
Nombre d'Asankheya : 10^{140}

Le modèle « univers bosonique fusionnel d'ordre » cinq

J'ai établi dans le cadre de mon ouvrage : « Gnosis noétique métaphysique » (Publibook 2008), un certain nombre de lexiques théoriques exposés sur mon site http://johann_soulas.publibook.com, (cf. Lexique VI) le modèle d'« univers bosonique » en question en Fusion Espace-temps. La masse (N.G.) d'un tel univers infiniment petit s'exprime par :

$$\mu_{F5} = \frac{h\beta^2 a_{F5}}{c_0 \widetilde{\lambda}_{F5}} \qquad \text{(A66)}$$

(h : constante de Planck ; c_0 : célérité de la lumière ; $\widetilde{\lambda}_{F5}$ longueur d'onde d'ordre fusionnel 5 égale à $2{,}68545.10^{16}$ m. associée ; β : coefficient amplificateur holomorphique ; $a_{F5} = \Phi^2 \varphi_5^{-2}$ où Φ est le Nombre d'Or : $\frac{1}{2}\left(1+\sqrt{5}\right)$ et φ_5^{-2} le pôle de la fonction « marqueuse fusionnelle » d'ordre F_5 exprimée par :

$$\varphi_5^2 - \mathcal{N}_5 \varphi_5 - 1 = 0 \qquad \text{(A67)}$$

où :

$$\varphi_5^{-2} = \frac{1}{4}\left(\mathcal{N}_5 - \sqrt{\mathcal{N}_5^2 + 4}\right)^2$$

avec $\mathcal{N}_5 = 1{,}8446744.10^{19}$

Le modèle d'Univers cosmogonique (cf. Lexique VI op. cit.)

L'énergie cinétique W_U de la masse de matière contenue dans l'Univers s'exprime par :

$$W_U = \frac{2}{5}\pi^2 R_U^5 H^2 d_U \qquad (A68)$$

où R_U est la dimension du rayon hypersphérique riemannien, $\approx 1{,}3.10^{26}$m H la constante de Hubble, $d_U = m_v$ la masse volumique moyenne estimée (expérimentalement) de l'Univers. Son énergie potentielle est exprimée par :

$$U = -\frac{3}{5}\frac{\mathcal{G}}{R_U}M_U^2 \qquad (A69),$$

M_U étant la « masse matérielle » : $M_U = 2\pi^2 R_U^3 m_v$.
En égalant W_U à U, outre le fait de déduire M_U, avec :
H = constante d'expansion de Hubble et $\mathcal{G}$: constante de Newton, on écrit le rapport :

$$G_A \text{ (Gogol-Asankheya)} = \boxed{\frac{M_U}{\mu_{F5}} = \frac{\pi^2 R_U^3 H m_v^{1/2} \tilde{\lambda}_{F5} c_0}{h \mathcal{G}^{1/2} \beta^2 F_5(\Phi,\beta)}} \qquad (A70)$$

où $F_5(\Phi,\beta) = a_{F5} = \Phi^2 \varphi_5^{-2}$,

avec

$$M_U = 2{,}456.10^{53}\text{kg} \text{ et } \mu_{F5} = 1{,}33758.10^{-69}\text{kg (NG)}$$

Dans les conditions du calcul où l'on doit se placer (Fusion électromagnétique d'ordre cinq), le calcul donne :

$$\boxed{G_A = 1{,}836.10^{122}} \text{ !!}$$

Nombre d'une hallucinante grandeur.

Bibliographie

Almagro, Sébastien Organisation structurale et fonctionnelle des chromosomes – Thèse 2003 UFR Chimie et Sciences du Vivant – Université Grenoble I

Arp, Halton (E.U.) « An Open Letter to the Scientific Community »

Pecker, Jean–Claude (France) Une remise en cause de la
185 signataires. théorie du big bang
New Scientist, Mai 2004.

Aslangul, Claude Physique statistique de la matière molle. Cours DEA de Physique des liquides. 2003.

Bell, John S. Speakable and unspeakable un quantum mechanics, Cambridge University Press, 1987.

Bohr, Niels Physique atomique et connaissance humaine, Gallimard, 1991.

Bohm, David Wholeness and the implicate order, Routledge & Kegan Paul, Londres, 1980.

Cantor Georg : Sur les fondements de la Théorie des ensembles
Transfinis (Ed. Jacques Grabay 1989 – 2005).

Couturat Louis: Philosophie et théorie générale des Nombres.
(1868 – 1914)
Approche théorique du Transfini cantorien (textes rassemblés).

Connes, Alain Analyse fonctionnelle – C* algèbres et géométrie différentielle. C. R. Acad. Sc. Paris t. 290 (mars 1980).

Chambert–Loir, Antoine – Algèbre de Lie
Campus Univ. Rennes 1 – 2005.

Connes, Alain Géométrie non commutative –
Interéditions, (1990).

Connes, A : « An Analogue of the Thom Isomorphism for Cross
Products of a C*–algebra by an Action of ℝ »,
(Preprint, I. H. E. S.).

Crumeyrolle, A. – Déformations d'algèbres associées à une variété symplectique, une construction effective.
Annales de l'Institut Henri Poincaré, section A, tome 35, N°3 (1981) p. 175 – 194.

De Wilde, M. – Cohomologie 3–différentiable de l'algèbre de Poisson

Diallo, Hassimiou – Annales mathématiques Blaise Pascal. Laboratoire de mathématiques UMR 6620 du CNRS – Clermont–Ferrand – France. Drapeaux riemannien et de Lie du tore n+1 – dimensionnel (2005).

Einstein, Albert – La théorie de la relativité restreinte et générale – Dunod – 1971.

Hameroff, Stuart « Ultimate Computing : Biomolecular Consciousness and Nano Technology » (North–Holland, Amsterdam 1987).

Hameroff, S.
Rasmussens Mansson, B. « Molecular automata in microtubules: basic computational logic of the living states? » « Artificial Life, SFI studies in the sciences of complexity » (C. Langton éd. New York 1988).

Hladik, Jean Mécanique quantique – Masson – 1997.
Pour comprendre simplement la théorie de la Relativité – ellipses – 2005.
Le calcul tensoriel en physique (Masson 1993).

Lachièze–Rey, Marc: « Au–delà de l'Espace et du temps. La nouvelle physique ».

Ed. Le Pommier. 2003.

Ladrière Jean : Les limitations internes des formalismes. Théorie des fondements des mathématiques.
Théorème de Gödel.
(LOUVAIN E. NAUWELAERTS – PARIS G. V. 1957).

Libet, Benjamin « Mind time » (Harvard University Press 2004).

Molino, P. Géométrie globale des feuilletages riemanniens Proc.
Kon. Nederland Akad Ser A, 85 : 45–76, 1982.

Moody, Raymond « La vie après la vie ».
(Médecin, Dr. en philosophie)

Lifchitz, E. Landau L, Physique statistique – Mir – 1984.

Penrose, R. (1987). Newton, quantum theory and teality.
In *300 years of gravitation.*
(S. W. Hawking et W. Israel éd.).
Cambridge University Press.

Penrose, R. (1990). Author's response. *Behavioural and Sciences,* **13(4)**, 692.

Penrose, R. (1991a). The mass of the classical vacuum. In *The philosophy of vacuum*

(S. Saunders et H. R. Brown éd.). Clarendon Press, Oxford.

Penrose, R. (1991b). Response to Tony Dodd' Gödel, Penrose, and the possibility of Al". *Artificial Intelligence,* **5**, 235.

Penrose, R. (1993a). Gravity and quantum mechanics. In *General relativity and gravitation 1992. Proceeding of the Thirteenth International Conference on General Relativiy and Gravitation held at Cordoba, Argentina, 28 June – 4 July 1992. Part 1: Plenary lectures,* (R. J. Gleiser, C. N. Kozameh et O. M. Moreschi éd.). Institute of Physics Publications, Bristol.

Pimsner, M. et Voiculesco, D. : « Exact Sequences for K Groups of Certain Cross Products C*–Algebras » Preprint I.N.C.R.E.S.T.

Prigogine, I. Thermodynamics of irreversible process, Wiley, New–York 1955

Ring, Kenneth « Sur la frontière de la vie ».
(Prof. de psychologie)

Singh, Simon : « Le roman du Big Bang » – J. C. Lattès 2004.

Soulas, Johann(*): « Physique noétique, tome I » Publibook 2005
« Physique noétique Tome VI » Publibook 2006

« L'Absolu et le Manifesté »
Publibook 2006
« La Révélation de
Dieu–en–l'Homme » Publibook 2007
Ontologie heuristique universelle (I)
La Fusion de l'espace et du temps
Ontologie heuristique universelle (II)
La structure pentasymplectique des multivers quantique et noéticanthropique.
N'–Théorie. La Fusion de l'Espace–temps et la Finalité universelle par le Nombre d'Or. Publibook 2007.

Souriau, J.-M. Nombre d'Or et Résonances et non résonances dans le
système solaire. Colloque Genève 1989

Staune, Jean « Notre existence a–t–elle un sens ?
Une enquête scientifique et philosophique. »
Presses de la Renaissance. Mars 2007.

Thom, René Modèles mathématiques de la morphogenèse.

Vidal, C., Dewel, G., Au–delà de l'équilibre, Hermann, Paris, 1994

(*) La Fusion de l'Espace-temps. De l'Univers quantique à l'Homme-univers (Textes de synthèse non proposés à l'édition) 2006
N'-Théorie TI et II (Publibook 2007)
Gnosis noétique et métaphysique. La rédemption par la Connaissance (Publibook 2008).

Table

www.ingramcontent.com/pod-product-compliance
Lightning Source LLC
Chambersburg PA
CBHW020549051126
54379CB00040B/460
* 9 7 8 2 7 4 8 3 4 6 5 0 3 *